数据运营之路

掘金数据化时代 ·升级版·

张明明 / 著

电子工业出版社
Publishing House of Electronics Industry
北京·BEIJING

内 容 简 介

随着数字新时代的崛起，每个企业都走到了数字化转型的十字路口，企业该如何选择？该如何迈出数字化转型的第一步？面对多变、不确定、复杂且模糊的市场环境，企业该如何抓住数字时代的创新机会，走上坚定的转型之路？

本书在上一版的基础上，借由笔者亲历的企业数字化转型项目，分析了企业数字化转型失败的原因，并首次提出企业数字化转型的成功路径，以真实案例助力企业数字化转型成功。

同第一版的风格一样，本书坚持将数字化转型里晦涩难懂的内容以丰富的图例和生动化的语言进行阐释，一方面深入浅出帮助初入数据行业的数据新人找到快速上手的方法，另一方面入行五年到八年左右的资深人士可以在本书中找到丰富的行业案例。不仅如此，由于本书秉承从价值出发的定位以及其实用性，非常适合企业管理者阅读，帮助企业管理者了解数据运营如何为业务创造价值。此外，本版新添加的内容也将帮助企业管理者在数字化转型中少走弯路，提升转型成功概率。

我们希望本书可以成为助力企业数字化转型成功的一本经典读物，成为一本真正解决实际问题、创造价值的"百宝书"。

图书在版编目（CIP）数据

数据运营之路：掘金数据化时代：升级版 / 张明明著. —北京：电子工业出版社，2022.12
ISBN 978-7-121-44612-2

Ⅰ. ①数… Ⅱ. ①张… Ⅲ. ①数据处理－研究 Ⅳ. ①TP274

中国版本图书馆 CIP 数据核字（2022）第 229138 号

责任编辑：董 英
印 刷：天津千鹤文化传播有限公司
装 订：天津千鹤文化传播有限公司
出版发行：电子工业出版社
    北京市海淀区万寿路 173 信箱   邮编：100036
开 本：720×1000 1/16 印张：14.25 字数：278.2 千字
版 次：2020 年 10 月第 1 版
    2022 年 12 月第 2 版
印 次：2022 年 12 月第 1 次印刷
定 价：79.00 元

凡所购买电子工业出版社图书有缺损问题，请向购买书店调换。若书店售缺，请与本社发行部联系，联系及邮购电话：（010）88254888，88258888。

质量投诉请发邮件至 zlts@phei.com.cn，盗版侵权举报请发邮件至 dbqq@phei.com.cn。

本书咨询联系方式：（010）51260888-819，faq@phei.com.cn。

推荐语

数据是反映产品和用户状态最真实的一种方式，或者说它不仅仅反映了产品和用户状态，如果能够被熟练掌握，甚至可以对你的生活决策产生重大的影响。所以说，无论从事任何方面的工作，对数据的运用是你所必须掌握的基本技巧。

尽管每个人都在这样一个飞速发展的时代背景下，谈论大数据，谈论数据运营，以及它们所带来的好处，但并不是每个人都能够娴熟地收集和运用得到的数据得出正确的结论，反而容易迷失在茫茫的数据海洋之中，甚至会被无效的数字干扰而得到错误的结论，去往相反的方向。所以说，数据运营如同硬币的两面，正确与错误之间的分界仅在于指导方向的不同，我们不能也不愿成为迷路者。

如何破除迷雾？又如何真正做到精细化？本书从数据运营的起点，也就是产品及项目目标的制定开始，通过多个篇幅具体讲述如何在采集、筛选、应用、运营等场景下进行有效的深入，以及如何依靠数据分析保障你能够不受干扰地作出正确决策等，广开聋聩，鞭辟入里，以己之多年经验，为读者一诉衷肠。

势酒创始人、联络互动（002280）合伙人、

浩方对战平台早期成员　苑辉

当前以及未来的企业管理都离不开数字化，中国部分新生企业在数字化方面做得很好，但是很多传统制造企业并未很好地建立数字化运营管理平台，随着传统企业步入数字化管理，这个万亿级市场将会为企业运营管理开启一个全新的世界。明明同学凭借在大数据行业丰富的经验和自身良好的理论基础完成了本书的写作。通过本书对数据运营进行的全方位诠释，能够很好地指导企业的数字化运营。很荣幸能够为明明的书作推荐，作为一个传统制造业人士，我在这本书中获益良多，包括产品定位营销、数据人才招募、企业数字化平台的搭建等。真心期望本书能惠及更多数据工作者、更多企业家。

金杯佳联联合创始人、金杯新能源发展有限公司常务副总经理　张希伟

一年多之前，作者告诉我，她准备写一本关于数据运营的书。那时的我不以为意，当几日前她将十多万字的作品发给我时，一种复杂的敬佩之情油然而生。在阅读本书的过程中，我时常停下来沿着文字的方向进行思索——它从数据的角度全新地解析了企业的经营行为，并结合实际案例及言简意赅的文字，让管理者能快速地从量化的角度思考经营问题。

自从马云提出"五新"后，在各种传统行业都掀起了数字化的浪潮。但在推进的过程中，会遇到各种各样的问题，在缺少懂业务、懂经营的资深数据分

析人才的状况下推进得举步维艰，其至让很多企业半途而废。在这里，建议企业经营者及公司高级管理人员阅读此书，它会带给你不一样的收获和体会。这是一本很好的知识普及书，也是一本解决实际问题的工具书。

很荣幸能成为最早的阅读者之一。"知行合一"是一种境界，也是很多人努力的方向，希望此书能让阅读者在企业管理中做到"知行合一"！

星力集团副总裁　吴江波

大数据，很多人在谈，很多人也在做。但是大数据如何落地，运营怎么做，商业化怎么做，如何指导生意，这都是横亘在每位领导者和从业者面前的沟壑。数据工具，人人都听过，不少人都会用，但各种工具如何组合，面对纷繁的数据如何破局，这不仅需要技术和分析能力，更需要商业洞察。

大数据技术擅长处理复杂问题，从中寻找规律，研究出近乎"公式"的方法，从难题中梳理问题，从数据中找到适合不同公司不同发展阶段的量化指标，进而指导行动。虽然现代化公司强调团队作业，但在某些时候数据人员确实能够做到以一当百。

本书作者张明明同学，其世界顶级学府经济学与商业管理的双重专业背景、多年从事咨询业务的职场经历，让她能够深入浅出、言简意赅地带领所有人进入数据领域——从如何找到数据人才，到如何使用数据化工具；从如何总结出有用数据，到如何用数据找到规律和方法，再到如何让数据指导运营……如此高效、接地气，用方法论和案例让数据工具化，让思考指标化，让行动公式化，不一而足，本书描绘了一个数据的帝国。

尚医智信创始合伙人　杨洋

这是一个被大数据推动向前的时代，数据的数量和质量均有里程碑式的跨越升级，而具备挖掘数据价值的能力变得格外重要。

在我看来，具备这样的能力需要关注两个关键点：行业实战与数据人才。而张明明正是在不同行业中通过大量实战获得了高屋建瓴的体系化数据管理方法的优秀数据人才。我非常期待其经验理念通过本书得以传播，惠及行业从业者。我极力认同本书关于数据人才的观点：培养数据人才犹如培养老中医，而挖掘数据价值又何尝不是像老中医一样，重在"治未病"，做好前置咨询。

Image DT 图匠数据联合创始人兼 CEO　王芹

在数字化转型的浪潮里，许多企业经营者因为不熟悉、不习惯数字化运营而经常处在焦虑中，担心"友商"在数字化道路上走在前面，利用数字的力量对自己进行降维打击。自己不懂，那就找懂的人来做。于是问题就转化成了数据人才的"选育用留"问题。本书组织篇系统地分析了企业该找什么样的数据人才，如何培养，以及如何评估数据人才的价值，对于处在数字化转型十字路口的经营者，有极好的参考价值。明明是狂热的数据布道者与实践者，本书是明明多年心血经验的总结，简单而深刻，对其出版，我非常期待。

联仁医疗大数据技术与质量部总经理　邵文龙

和明明认识很多年了，在相关数据领域有很多次的交流和合作。对于她来讲，数据运营及商业化是多年来一直致力研究的领域。当今时代，数据已经确确实实地成为了间接和直接的生产力，生产力转化为商业价值不可或缺的纽带就是数据运营，数据运营可以发挥巨大价值。当然数据运营和数据开发共享治理，相辅相成，成为整个数据链路商业化中重要的两个环节。在这方面，明明是当之无愧的行业专家。

由于本人多年来也在数据领域从事相关工作,在此期间得到了她很多独到的见解和帮助;得知她萌生把多年经验分享出来的想法,作为朋友也非常兴奋。

本书的内容一定可以帮到从事相关工作的人,真诚地推荐给不同行业领域的数据从业者。

蚂蚁金服资深区块链架构师　于涛

近十年来,大数据与机器学习等技术获得了广泛关注,并且这些技术也确实给诸如个性化推荐等互联网领域带来了丰厚的商业回报。然而,在更多场合特别是 ToB 行业中,数据分析的种种先进技术只是多个步骤中的一个环节,还需要在分析的基础上对企业运营提出具体的指导才能完成商业闭环。

张明明同学曾在领先的咨询公司接受过系统的训练,并在多个行业的工作中将理论与实际操作深度结合,成功落地了许多项目。本人在数年前有幸结识张明明同学,有机会向她请教商业智能问题,明明同学用通俗易懂的语言解释清楚了各种复杂的问题,令我印象深刻。

很高兴有机会拜读张明明撰写的这本数据运营的书籍,该书以生动的语言和例子从各个维度对数据运营的各环节都做了详细的介绍。相信会帮助众多有志于从事数据运营工作的朋友快速入门。

Imagination Technologies 中国区战略市场与生态高级总监　时昕博士

明明是我初入职场认识的第一位朋友,我们共同见证了彼此在专业领域的成长历程。对探究市场和企业经营数据背后本质原理的强烈好奇心,让我们成为惺惺相惜的伙伴。虽然这些年来各自沿着不同的职业路径发展,但时常会分享和探讨数据运营相关的思考和实践，两个人不同的思维方式和视角相互碰撞，给各自带来"WOW~"的惊喜灵感。

明明是一个探索者和思考者。多年来她一直在不断丰富自己的数据运营经验版图，通过在线下、线上、零售、互联网行业的跨界经验积累，已经成为掌握数据分析、数据运营在各个领域价值实现方式的数据运营专家。她逐渐将这些思考、实践、经验融会贯通为自己的一套非常体系化的方法论。

在这本《数据运营之路》中，明明所分享的不仅是相关行业通用的分析方法、原理，更有价值的是，她以自己独特视角来阐述如何理解数据运营，以及如何根据企业实际情况运用数据运营的方法和工具对症地解决问题。

由于数据运营已经是处于当今数据化时代企业的一种普遍经营方式，所以本书不仅适用于相关行业的专业人士，同样适用于商业企业的管理者。本书既有清晰完备的架构，同时包含各行业丰富的实战经验案例，确实可以作为数据化时代的掘金手册。

希望朋友们都能在书中找到和明明本人进行思想碰撞的"WOW~"的惊喜灵感。

唯品会用户运营总监　崔鸥晔

和张明明是十多年好友了，知道她一直深耕数据领域，从传统行业到互联网行业。一次我协助组织一个技术大会，其中有几个大数据专场。一般技术大会的大数据专场都讲大数据平台、大数据处理等纯技术话题，我邀请她来组织一个数据运营及数据商业化方面的专题。最后实际效果不错，技术人也很想了解数据运营方面的方法。

作为一个程序员，我参与过创业，也负责过公司的数据平台构建。对技术人来说，构建平台、使用各种数据分析工具，都比较擅长。但最后遇到的难题通常是如何理解数据，如何选择适合公司当前发展阶段的数据指标，从而指引促进增长，指引精益创业，实现数据价值，而这些都是技术人所不擅长的。

会后，我建议张明明写本书来系统介绍一下这方面的案例及方法论，前些天收到了她的初稿，拜读后感觉这就是我想要的。真诚推荐给大数据方面的技术人员及技术管理人员。

Westar 区块链实验室首席架构师　技术博主　王渊命

数据分析正在成为商业沟通的重要语言。如同学习语言文字，数据分析也要掌握扎实的"语法"基本功，在清晰的分析框架下才可实现准确有效的沟通。如能自如地使用统计、模型等工具，还能"信手拈来"地将经济、财务和营销等理论组织成各种故事线，就可称为数据分析界的语言大师！

CBRE 世邦魏理仕华北区研究部主管　孙祖天

在电商越来越普及的当下，开展日常业务，无论是业务运营还是品牌营销，都依赖对数字信息的高效应用。数据运营与用户运营、商品运营的关系密不可分。如何将品牌进行数字化，以及如何把数据应用到用户运营和商品运营中发挥作用，本书作者通过生动化的语言给出了阐释，不仅容易读，而且可落地。相信明明的这本书可以为想借助数据运营快速提高效率及产生价值的企业带来切实有效的帮助。

天猫汽车高级品牌营销专家　杨中华

马未都老师认为正确的读书态度应该是：读书可以粗读，也可以精读，但万万不可以半途而读。读书理应先读序，可以事半功倍，品味书中奥秘，当从序始。张明明对我而言，不只是同学、朋友，更是一起创业过的小伙伴，书里她的坦诚和真实其实和以前一样是没变的，而另外一些则是我之前在她身上并没有发现的。她想要通过本书向我们传达一种想法：到底什么才是大数据，到底怎么做才能把大数据运营起来为我们创造价值。

今天之大数据，之所以吸引众人的眼球，就是因为当下的数据体积之庞大、种类之繁多、呈现之迅速，超过了当前秩序的容量，于是混沌出现。但大数据的价值之大，也吸引着人们不得不接纳这种"混沌"，于是大数据给世人带来了"增熵"，而为挖掘其价值，就得"减熵"。数据运营是做什么的呢？我个人的理解是：推动团队明确产品目标，定义产品数据指标，创建数据上报通道和规则流程，高效推动实现数据需求，观测产品数据，做好数据预警，分析数据变化原因，根据分析结果进行产品迭代和运营，为产品决策提供依据，用数据驱动产品和组织成长，达成组织目标。而对于企业来说，大数据服务的目标可以归结为"降本增效"四个字。企业可以借助大数据服务做精准化营销，将企业的产品有效地传递给有此需求的用户，在为客户创造价值的同时增加企业收入。企业也可以借助大数据服务掌握客户偏好，更好地为客户提供服务，提升客户感知水平，虽然提升客户服务体验并没有直接为企业带来收入，但是通过这种方式提升了企业在客户心中的形象，使得客户获取企业服务更加便捷、高效，客户也因此更喜欢购买企业的产品，从而增加了企业的收入。

读完本书，读者能从中得到什么呢？在回答这个问题之前，我们先重温一下 2012 年《哈佛商业周刊》刊登的一篇文章。文章指出，数据科学家是 21 世纪最性感的一个职业。数据科学家，其实就是采用科学方法、运用数据挖掘工具，在数据中寻找有价值的新洞察的一群人。而想成为这种人，首先要具备大数据思维，认可大数据能带来大价值。我们知道，思维影响决策，很多时候，正确的思维能起到非常重要的战略引领作用。本书的前半部分通过一个通俗易懂的大数据技术"综述"帮助读者培养大数据思维，并给读者带来一个比较感性的初级技术入门。后半部分通过实例给予读者思维方式的巨大变革，引导读者"知行合一"，把思维落实到行动上。希望大家能喜欢张明明的这本新书。

美团点评无人配送部战略合作&商业分析负责人　陈飚飚

纷繁复杂的商业变化让今日的运营环境变得让人越来越难以适应。在日常的商业报道中，总不乏超新星一样爆发的明星鬼才，也屡屡出现白矮星一样陨落的迟暮英雄，背后的数学规律一如300多年前牛顿发现力学公式一样拓展了芸芸同道对商业规律的洞察，数据分析这件武器助力了多少商业模式的成功，又吸引了多少跃跃欲试的创业者们。经营永远离不开人，而组织运营能力的真正提升，又往往在日复一日敲击键盘、掌握或大或小的商业决策的你我手中。作为企业决策者，是选择及时掌握数据能力，运用数据分析这件武器，还是选择等待别人掌握这种能力，让自己的组织继续牵绊于沉重的运营包袱中，这已经是摆在企业决策者面前无法避开、亟需解决的问题。

明明与我同窗两年，期间她一直表现出极强的分析敏感性，并将她所擅长的数据分析一步步应用到真实的日常决策中，我们也亲眼见证过她所服务项目的高速成长。而我所在的医疗行业，以大数据进行治疗决策的探索才刚刚开始。剖析现象背后的数字逻辑，从点滴做起，构建属于自己业务的分析模型，我想这也是本书为当下蓬勃发展的大数据支持决策领域所尽的微薄之力。

HLT Pharma 商务运营总监　张博成

数据是各行各业产品发展、创新和客户增长的基础与核心，数据科学是当下热门的学科领域，数据分析师、数据科学家在北美和中国的就业市场也越来越受追捧！明明具备多年在实业及互联网公司的数据分析从业经验，在北大读书期间就喜欢分享自己的经验和所学，圈粉无数。现在著书以简单清晰、轻松幽默的文笔解析如何从零开始了解数据科学，并通过实战案例告诉你如何看数据、理解数据、使用数据，让数据为用户增长服务。不管你在什么行业工作，只要对数据和增长感兴趣，本书都值得一读，让本书带你开启数据科学的大门！

天弘基金前高级产品经理、新浪前高级产品经理、

美国 Claremont Graduate University 数据科学方向博士在读　段小娇

明明丰富的咨询、零售、电商、地产、工业领域从业经历，赋予了她抽丝剥茧、提炼升华的能力。第一次跟她探讨商业数据分析（BA）是在五年前，我们刚刚在北大成为同班同学。课后在五道口一个闷热的咖啡馆里，她讲了二小时的零售业案例。那时候提到数据的她眼睛里都已经有光了。

本书是明明多年所学、所思、所用、所感的集大成之作，从高处着笔，落真操实战，尤其是 BA 这门显学在企业内部如何用好，对从业人员和管理者都颇有启发。如果类比古人，BA 就是诸葛亮，唯有遇到三顾茅庐的刘备，才能发光发热，不然就是一辈子的卧龙岗闲散人。

祝新书大卖，传数据之道，解商业之惑。

Infobip 中国区商务负责人　姜智轩

推荐序一

《孙子兵法·谋攻篇》中有："上兵伐谋，其次伐交，其次伐兵，其下攻城；攻城之法为不得已。"伐谋的核心是对信息的理解和应用。

在明代最高军事决策机构里，职方司是非常核心的职能部门，其在军事战争中起着极为重要的作用。面对波云诡谲的战争态势，职方司需要做出正确的军事判断，并根据情报信息拟订计划进行统筹。战争中对于战机的把握尤为关键。数据所承载的信息应用得当，会带领企业无限接近正确的答案。反之，则会产生误导，贻误战机。所谓千金易得，一将难求。在复杂环境中，切中"七寸点"的能力，才是稀缺之力。而数据运营能力的搭建，则为决策时可以"切中七寸点"提供了珍贵的土壤，为在复杂的商业环境中可以做出快速决策提供支撑。

数据是未来的金矿。随着新基建的深入发展，数据化进程逐步加快，2020年突如其来的疫情，在某种程度上进一步加快了这一进程。各行各业在完成数据基础设施搭建之后，会很快进入数据应用的蓬勃发展期，在未来五到十年，甚至更长的时间内，数据应用能力会逐步发展为企业制胜的核心竞争力，在降低企业成本、提升企业效率及更深层次的战略规划发展上，都将起到重要作用。而企业也会对数据部门进行重新定位，并为其寻找发挥更大价值的发展方向。蓄势待发的行业变革，将从丰富的数据土壤上实现突破。在共生融合的大背景下，数据运营能力会成为企业发展不可或缺的能力，并协助企业形成竞争壁垒。

各行各业的数据化程度不尽相同。从目前的发展情况来看，数据化在零售、金融、出行三大行业的发展是最为突出的，其中以零售业发展最为领先，而美菜所在的生鲜零售业由于其周转快、商品复杂的特殊性，先天为数据化发展提供了良好的土壤。未来顶尖的数据人才必将在生鲜零售业这一领域产生。

对于企业来讲，最重要的不是数据化的程度，而是基于其发展阶段制定的数据产生价值的机制。无论是简单的途径还是复杂的途径，核心都是让数据发挥价值，获得结果。可以解决实战问题的分析才是好分析。

从人才发展角度来讲，随着数据化时代的来临，数据化思维和分析能力已经由专业技能演化成为通用技能。未来，数据运营、数据思维会成为人才的通用能力，具备该能力的管理者更具有竞争力，具备数据运营能力的组织更高效，更容易获得快速发展，并在竞争中杀出重围。

本书汇聚了作者十几年数据行业的实战经验，也是她的第一本著作，核心聚焦价值产生，具备实践参考性，可以协助企业在数据运营的道路上少走弯路。本书最大的特点在于提供了丰富的案例，以实际应用的场景对数据运营进行阐释，相信无论是对需要建立数据运营能力的企业领导者，还是对从事数据行业的同学，都会有所启发。我也十分期待本书的作者可以继续提升自我，持续创造价值。

美菜网创始人　刘传军

推荐序二

　　全球的数字化浪潮在不断持续推进中，这一变革不仅深刻影响着处在革新核心的互联网公司，还在不断扩大其覆盖的范围，渗透进更为广袤的传统行业。我们坐在咖啡店里品尝一杯咖啡，咖啡豆的供应来源于对销售预测精准把控的供应链数据运营；店员亲切地称呼出顾客的昵称，并询问顾客是否购买日常饮品，是基于会员数据对顾客的精准画像；顾客出现在门店附近，手机上收到咖啡新品促销的推送，则是基于电商平台的实时推荐算法。数字化不仅存在于复杂的企业运营中，还存在于居民的日常生活中。

　　随着国家对新基建的支持力度不断加大，以物联网、工业互联网、卫星互联网为代表的通信网络基础设施，以人工智能、云计算、区块链等为代表的新技术基础设施，以及以数据中心、智能计算中心为代表的算力基础设施，不仅为数字化提供了基础，还为丰富的数字化应用提供了可能。随着这一系列基础设施的逐渐完善，大量的数据如何产生价值成为新的亟待解决的课题。

　　本书作者北京大学国家发展研究院BIMBA15级毕业生张明明拥有十多年数据行业从业经验，曾在跨国消费品公司、市场研究公司、互联网公司（阿里、贝壳找房）等负责商务智能和数据分析工作。她不仅是我们优秀学生的代表，更为宝贵的是她一直在工作中进行思考和总结，并将自己丰富的经验积累沉淀，最终形成了本书，惠及更多的数据从业人员及对数字化感兴趣的朋友。

本书聚焦零售行业的数据运营，从基础建设、效率提升、商品管理、用户增长和组织发展等不同部门的需求视角阐释了如何应用数据从而产生价值。同时，本书针对实战内容设计了实践篇，便于读者快速上手具体的运营问题。行业篇从更宏观的角度分析了数据运营在线上线下及不同行业的发展情况。最后的思维篇则为读者提供了"数据心法"——如何通过数据化思维解决更多问题。丰富的内容和视角必将吸引更多读者加入数字化这一时代的大潮。

在数字化浪潮刚刚兴起时加入这一行业，伴随数字化大势而成长的明明是幸运的。当一个人有机会从事既擅长又热爱的行业时，就更容易迸发出与众不同的力量。即使在遇到挫折的时候，这份力量也会让人不断向前。希望本书可以把这份力量带给更多有志于通过数据运营降本增效的企业，以及有志于投身数据事业的各位朋友。

北京大学国家发展研究院副教授、

北京大学数字金融研究中心高级研究员　谢绚丽

前言

这本书的诞生缘于一个偶然的机会。在一次技术分享会之后，编辑董英联系我说，可能可以写一本关于数据运营的书。最终，可能变成了现实。

直至今天，我还是一个零售新兵，仅仅从业 13 年。对比零售业的众多前辈和老师，我自认为是一名零售业小学生，还有很多需要学习的地方。只是我一毕业，就从事零售数据运营的工作，前几年在外企，中途经历了一年的创业，后来转战了互联网，去了一些从外界看极其优秀、进入之后才发现其优秀程度仍超过想象的公司，尤其表现在对数据基础和数据应用的重视程度上，核心代表为阿里和贝壳找房。尤其以阿里最令人惊叹，阿里所拥有的数据，是业内最全也是质量最优的数据，没有之一。对于有志于从事数据工作的人，阿里的数据会带你进入现存最广袤的土地，开启下一个充满无限可能的时代。

从线下转线上的时候，有一个误区是套用线下逻辑，或者直接套用经典的模型和理论；这个误区也存在于线上转线下，会在不经意的时刻，尝试粗暴地套用线上逻辑，或者在平台上搜搜如何做线下，就开展工作。实际上，没有一套方法论是救世主。在风云诡谲的商业环境中解决问题，需要的绝不是固化的方法论，而是内化的解决方案，找到解决问题的"七寸点"，需要借助数据运营依托的数据化思维。在过往的经历中，我沉淀了一些线下的方法论，也有一些线上的方法论，当每个人来寻求方案的时候，我不会给出一个简单的答案，这是极为不负责任的做法。我会倾向于先了解到底要解决什么问题，然后根据实际情况，"对症下药"。我有一些方法，但是不一定适用于你的情况。基于这样的融合倾听的思想，逐渐产生了一些应用于实际商业环境的实践经验，本书主要把这些真实的经验分享给企业主和数据人员，希望可以助力企业数字化的快速稳健转型，少走弯路。数据运营是通过方法论和数据产品为企业提供的高效管理工具，而不仅仅局限于数据分析领域。

感谢我的朋友崔鸥晔在我写作过程中给予的鼓励，她的一句话，击中了要害，并且激励我把书写完。这里也分享给大家，以期共勉。

写书是艰辛的，尤其是在不断地从模糊的思路中抽离出最本质内容的过程中，往往陷入思维的苦战，苦于耐心的崩塌和表达的不精确、不顺畅。鸥晔读了我的第一版内容之后，对我说：

"每本书里看到的都是作者的灵魂，别人希望看到的是新的体系，而不是集合所有人想法的体系。你是书的主观发声者，不用在乎别人怎么表述这件事，只有这样才能带有自己的风格。希望你可以写出带着自己灵魂的书，我们可以从书里面看到的，就是你本人。"

基于她的鼓励，我决定以自己的风格完成这本书。

本书的核心在于提供"如何做"的信息，拿到这本书的数据人员可以通过翻阅书籍快速上手数据运营；企业主可以通过本书了解到数据能为企业带来何种价值；人力负责人可以通过本书了解到，当聘请数据人员时，应该聘请有何种能力的人，才更适合公司当下及未来的发展。

这是一本帮助你 Know-How 的数据实战书籍，希望从事数据行业的小伙伴们都能从中获益。

本书写于 2020 年疫情中的北京。希望你翻开本书时，疫情已经过去，数字化加速而来。这也正是阅读本书的好时机。

张明明

读者服务

微信扫码回复：44612

·获取本书配套视频资源

·加入本书读者交流群，与作者互动

·获取【百场业界大咖直播合集】（持续更新），仅需 1 元

目录

0

数据运营概论

近些年，企业内部数据整合的需求催生了首席数据官。虽然在不同发展阶段的企业里，数据所属的阶段也不同，就算同样的职位名称"数据分析师"，其实际所做的具体工作也可能大相径庭。但其工作本质都是，为企业不断开创和建立数据组织，以期从数据中获得有用的信息情报。随着数据在企业内部的进一步深入和应用，将产生新的职能：新型的数据运营团队。

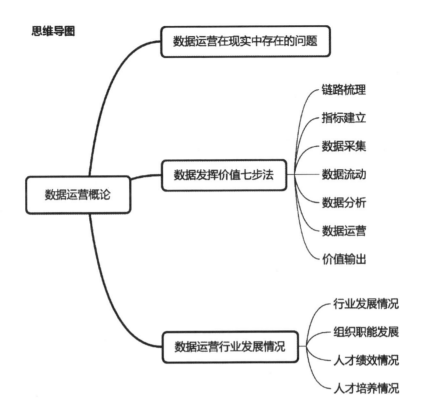

思维导图

数据运营在现实中存在的问题

随着互联网深入各行各业，在数据大量产生的同时，数据使用能力成为制约各行各业发展的门槛。企业的日常运营工作无时无刻不在产生大量数据信息，这些数据该如何采集、分析、应用并最终产生商业价值？

在实际的商业工作中，数据运营遇到了大量现实的问题。

- 企业现存的数据应该怎么利用起来？

- 如果要发展企业的数据能力，应该怎么做，哪些部门需要做增量，该采集什么数据？

- 采集的数据应该怎么使用？

- 不同的分析技术和可视化方法适用于所有的商业问题吗？

- 分析后的数据真的可以为企业带来价值吗？

这些问题在企业各级员工的心中都打着问号，但是由于互联网化的快速推进，数据化席卷了各行各业，在这股力量中，无论企业是否懂得该如何做，都争先恐后或者不得不先做起来。然而，对于数据的使用，就如同医生诊断病人，需要有科学的办法和经验积累的过程。如果学艺不精，则数据运营不仅起不到为企业带来价值的作用，还会引导企业误入歧途。我相信，这样的风险正在逐渐上演。

2015 年，我开始在在行分享对数据运营的一些看法，有幸接触到了各行各业对数据有需求的人，有美容行业的，也有动漫音乐行业的，虽然需要诊断的业务需求不同，但是大家都渴望用一种通用且容易复制的方法去解决现存的问题。

与此同时，随着信息资讯的不断发展，每个人都可以很快在互联网上找到类似的经验分享或者专家法则。通过浏览几篇文章或者咨询几位数据从业人员，就希望可以得到解决自身企业问题的方法论，这样往往是危险的。对于企业问题的诊断，需要结合的信息非常复杂，从宏观的经济政策、国内环境，到微观的行业市场、企业地位，再到内部的产品阶段、人事财务、战略目标、经营目标、团队管理，都有关系。如果仅仅从数据的角度去解决商业的问题，往往无法做到。只有从宏观到微观、从外部到内部、从上到下，用数据击穿业务链路，串联起彼此的关系，才具备解决问题的基础思维框架。与此同时，要辅以专业的解读才可以真正定位问题，解决问题。

任何不负责任的局部判断或者杂糅错误采集的数据信息都有可能导致最

终的决策出问题。

数据的解读需要专业人士极大的耐心和责任心，要真正解决问题，而不是看上去解决了问题。

真正可以让数据价值得以发挥的方法是什么？

笔者旨在提供企业切实可用的数据运营方法，并以给企业带来价值为目标，击穿这一问题。希望当数据化大潮来临时，为企业的发展尽一份微薄之力。

首先，信息技术只能解决一部分问题。目前在大数据技术、数据挖掘方面，市面上均有不少著作，让数据市场增益不少。但是在应用层面，市场上绝大多数企业并不具备互联网企业的技术实力和数据积累，受困于成本原因和数据严重不足的局面，这些高阶的技术至少在现阶段仍无法使用。在业务尚未清晰的情况下，盲目地迷信数据可以解决业务问题，也不切实际。

解决实际的商业问题只能依靠具备行业经验的专家，而这部分能力需要长时间的沉淀，以及对于行业的深度了解。对于数据背后的商业逻辑理解，对于数据背后的商业规则明晰，对于数据之间的钩稽关系，都需要基于业务的先后和进入的快慢，结合企业的目标，进行指标树的建立，让数据在指标树里流动起来，让企业内部的数据像血液一样流动，激发企业心脏活力，让整个企业运营"活起来"。

数据发挥价值步骤

企业从挖掘到发挥数据价值，分为以下步骤：链路梳理、指标建立、数据采集、数据流动、数据分析、数据运营、价值输出。

大部分非数据行业从业者将数据行业等同于数据分析行业。这是极大的误解，也让大部分人认为，数据的价值需要靠"分析"这一动作来实现，从而迷信大量分析技术和模型，希望可以通过分析技术产生数据价值。市场上衍生出来大量分析工具、分析软件，软件即服务（SaaS）应需求而生，但数据价值却在实际应用中形象模糊，好像有又好像没有。分析其背后的原因，其实这是由于产生数据价值的错误路径造成的。

分析数据，首先需要了解：数据本身是否已经足够被分析？质量是否足够好（全面、准确）？数据本身是否具备被分析的条件？对照组设置得是否合理？数据分析获得了好的效果，并不一定是分析技术有多好。其实，在实际工作中，大部分问题在数据采集阶段就已经被解决了。

数据这一概念涵盖的内容众多，为了有清晰的方向，必须对数据行业有更清晰的理解，数据分为五层：采集/获取、存储、展示、联结、智能。数据智能绝不仅仅是该层所代表的技术算法，而是各层彼此的递进整合，只有从第一层开始逐级做好，才能实现最终的数据智能。

以现实场景举例说明，某数据公司为某饼干商提供了基于包装、口味的趋势分析后，饼干商要求了解产地的趋势分析，数据公司无法提供的原因是"数据库里并没有对饼干的产地进行区分的数据"。在这种情况下，虽然数据公司有商品数据库，也有技术精良的分析人员，但无法进行准确的分析。除非回到数据采集层，重新采集商品所需的该字段数据，但这将产生巨额成本。

数据的兴起源于互联网的兴起，围绕互联网工具产生了大量数据。在初期，这些数据绝大部分是被动产生的。比如，使用作业流程管理软件主要为了管理作业流程，但是各个环节有了数据节点，围绕这些数据节点就被动产生了很多数据。这些数据产生后，被具备数据分析能力的人员收集，用来分析作业效率。

随着数据行业的逐渐发展，部分数据从业人员发现，被动产生的数据可以用来解决商业效率问题，但不足以解决所有的商业问题。解决所有商业问题所需要的数据，往往不在流程工具可以覆盖的范围内。这个时候，就需要主动获取数据。依托自身强大的技术能力，互联网企业被动产生数据的成本几乎为零，主动采集数据的成本也非常低。大部分互联网企业都会对外宣称和强调自己的数据计算能力，以及运用数据获得价值的能力，甚至直接把自己定位为数据公司，将数据作为企业的主营业务，并通过其数据能力对外部市场进行赋能。目前，加入这一阵营的互联网企业越来越多。这也是互联网企业数据成本低而传统企业数据成本高的主要原因。

互联网企业的业务均在工具里被展开，被动产生的数据在采集/获取阶段并没有成本，主要成本在存储、解析、计算和分析上，而传统企业的数据多为主动采集的数据，成本较高。同时，由于不具备存储、解析、计算的能力，转而向外寻求技术外包，甚至一部分分析工作也"在外进行"，从而可以节省精力将其投入主营业务，体现了社会分工的效率性。由于产生数据的方式不同，数据本身的质量和应用范围也十分不同。

互联网企业的数据伴随工具产生，在需要主动获取数据的时候，也会修改工具（在不影响工具功能与体验的前提下）以获取该部分数据。不过，仍旧是用户在使用线上工具时被动产生的这部分数据规模大、交互多。随着这部分规模大、交互多的数据被大家更多地了解和讨论，国际数据公司（International Data Corporation，IDC）提出了大数据区别于非大数据的四个属性，即数据规模（Volume）、快速的数据流转（Velocity）、多样的数据类型（Variety）及巨大的数据价值（Value），并由此给出了大数据的标准化定义，并拉开了大数据和小数据谁更有用之争的序幕。

在发展后期，我们逐渐发现，这样的讨论并无实际意义，数据的目标是解决实际问题，根据业务、需求场景的不同，可能单独应用大数据、小数据，或者以整合形式来解决问题。数据不分大小、量级、交互等，这些特征本就是数据自身的属性，只是技术的发展引起了某个属性值的不断突破。

在此基础上，需要提出数据价值论。规模大小、流通速度、多样性是数据的内在属性，而数据则通过业务逻辑、挖掘数据，最终创造出价值。这一属性不属于内在属性。数据是数据价值的原材料。数据的存在是为了创造价值。没有价值或者无法获得价值的数据，无论其规模、流通速度、多样性多么突出，对于企业来讲，都是成本的浪费，甚至是可能存在的对决策的误导。所以，对于数据来讲，选择合适的方法和人才，以客观严谨的态度获取数据价值，才是最关键的部分。这一部分就是数据应用环节，而这一环节在数据发展至今一直被忽视，导致大量数据成本产生，却无法创造相应的价值。数据从业人员经常说的一句话是：数据是金矿。其实数据是矿石，让矿石变金矿，需要"点石成金"的技能；找到矿山，还需要认知和远见。

数据运营行业发展情况

数据组织职能和数据行业的发展情况密不可分。随着数据在企业经营活动中的作用变得越来越重要，在企业中负责数据的人员也经历了一个演变的过程。最开始，数据从业人员起源于信息技术部，协助各部门做一些简单的数据收集和处理工作；随着数据日益增多，各个职能部门演化出专门人员从事数据统计、分析、汇报工作，这部分人往往是企业内部较为初级的人员，所做的工作也非常基础，除了简单的数理统计工作，还承担部分沟通协调工作，薪资收入处于企业内部较低的水平。

之后随着数据规模增大，数据展示在企业内部形成通用语言，对于专门技能的需求逐渐形成了专业的数据团队，比如市场数据团队、运营数据团队、人力财务数据团队等。这个时期的数据从业人员往往招募自重点院校的统计学、市场营销学和经济学专业，也有来自数学、物理或者其他理工类专业的本科生或者研究生。以外资企业为主，为该领域人才提供了良好的培训机制和具有竞争力的薪酬，以及广阔的发展空间，比如调任亚太总部或者全球总部从事更大范围研究的机会。自此，企业内部专业的数据团队逐渐完成专业化的转变，形成规模。

处于初级发展阶段的市场数据团队会娴熟地使用统计软件、办公软件集中处理部门数据。处于稳定阶段的市场数据团队主要负责市场类数据分析，如市场份额、品类增长、趋势研究、用户增长等。对内对接市场部的其他团队，如媒介、产品、营销等，支持产品定位开发、媒体投放策略和市场推广策略制定等；对外对接外部数据公司、市场研究公司等。市场数据团队的出现在发展阶段和时间上都晚于市场调研团队。市场调研团队前期主要从事市场调查研究工作，后期随着业务需求越来越多，逐渐承担更多的研究职能，成为市场研究中心。其从属于市场部或者独立存在，协助市场部进行用户调研，开展研究工作，如创新研究、渠道研究、数字化营销、用户研究、媒介研究、战略研究和投资回报率（Return On Investment，ROI）研究等。传统企业对于调研的理论和实践知识多继承自西方的企业管理科学决策方法和市场营销理论。此外，用户调研这一职能在互联网企业往往从属于产品部门。传统调研团队的具体工作包括需求确认、调研设计、信息采集、数据清理和统计分析五个主要步骤，常用的调研方法有观察法和询问法，具体应用较多的有问卷调查、桌案研究法、小组座谈法（Focus Group）和观察法。大量市场数据的整合，促使在市场研究中心内部逐渐产生了专门的市场数据团队。

以数据为驱动的市场团队，在互联网时代衍变成增长团队。这也是在大部分线上线下融合企业中，首席营销官（Chief Marketing Officer，CMO）和首席增长官（Chief Growth Officer，CGO）的职责有重合，甚至是由 CGO 替代 CMO 的本质原因。

由于支撑企业的最大利润中心与业务直接且密切相关，企业内部规模最大的数据团队往往是支持销售工作的销售数据团队。在强执行力的企业中，销售数据团队往往在各级管理层与销售团队中均有人员编制，"直线"向企业总部经营负责人首席运营官（Chief Operating Officer，COO）汇报，"虚线"向当地销售团队汇报。销售数据团队一般可分为销售工程团队、需求预测团队、物流效率团队、渠道商（主要是中间渠道商，如供应商等）数据团队、绩效管理团队和销售信息团队。

- 销售工程团队负责系统的开发统筹、需求反馈、模块更新等，一般采用外包的形式，对接外部系统开发商、系统咨询公司。

- 需求预测团队会根据各地销售的实际情况预测未来的生产需求，从而进行供应链的管理和生产优化，对于预测数据的准确度要求很高，对接销售团队与工厂管理团队。

- 物流效率团队负责管理从工厂到各地的仓储物流进度、效率管理和优化、仓储物流合作商管理，优秀的物流效率团队还会推动物流合作商基于业务需求开发专属的物流工具，制定物流方案。

- 渠道商数据团队负责合作的渠道商分级和管理等,比如渠道商区域管理范围的划分等。

- 绩效管理团队负责制定各级销售团队的绩效规则,并负责核算绩效,同时承担部分人效和编制原则制定及评估工作。

- 销售信息团队负责向各级团队提供业务分析并支持各级销售决策。与此同时,财务部和人力部出现少量专门从事数据分析的人员。

在这一时期,几乎所有部门都设置了自己的数据分析岗位,数据分析人员大量增多,在一定程度上解决了部门内部的信息需求,然而不同的分析立场、角度、内容和能力导致各部门输出的结论无法融合,甚至南辕北辙,不同的分析标准、逻辑、体系,以及"接驳"环节的缺乏也让部门间的信息沟通无法有效进行。很多管理会议讨论到最后才发现,分歧产生的原因在于彼此间的数据定义不同,管理会议变成了数据会议。

随着企业内部数据的大量产生和数据解析复杂性的提高,衍生出了专门处理数据的商业智能(Business Intelligence,BI)团队。传统企业里的商业智能部一般直接向首席执行官(Chief Executive Officer,CEO)汇报,主要负责企业内外部所有信息的整合分析,通常需要同时具备资深的业务经验和数据分析能力,协助企业高级管理层、董事会完成经营分析、市场决策。商业智能部的经营分析往往覆盖市场部、销售部、客户服务部、人力部和财务部等多个部门,负责管理会议、董事会会议上的经营汇报,并提供预算分配、目标制定建议。同时,提供市场行业研究、竞争对手分析,并提供企业战略、策略支持。

互联网企业的商业智能部的职责范围略有不同,大部分独立于战略发展部,主要承担经营分析工作和支持 CEO 的研究需求,并拆分出支持各个业务线的 BI；在支持业务线发展的同时，协助 CEO 及时了解各个事业部的发展情况，并进行战略、策略的上传下达，沟通推进工作。经营分析的范围往往不涉及人力、财务，主要集中在经营业务层面。互联网企业数据的丰富性让企业内部每个人都具备使用数据的能力，在这个阶段，似乎"人人都是数据分析师"，所有的内部沟通和决策均广泛地使用数据来沟通。在实际工作中，为了得到灵活且客观的结果，互联网企业均有专业的数据团队，一般分为算法、技术、分析三个主要职能，承担获取底层数据（数据埋点）、建立数据仓库与中间层、建立指标与指标树、开发数据分析工具、提供整合数据分析及数据可视化等工作。除了按照职能，还会按照业务、事业部等分成支持不同业务单元的分析师。

近些年，企业内部数据整合的需求催生了首席数据官（Chief Data Officer，CDO）。虽然在不同发展阶段的企业里，数据所属的阶段也不同，就算同样的职位名称"数据分析师"，其实际所做的具体工作也可能大相径庭。但其工作本质都是，为企业不断开创和建立数据组织，以期从数据中获得有用的信息情报。随着数据在企业内部进　步深入和应用，将产生新的职能：新型的数据运营团队。

对比传统的运营团队，新型的数据运营团队提供了效率更高的运营模式，从人力需求、响应速度、培训成本上都具备明显的优势，需要借助数据作决策的环节会直接由数据作决策建议。人只需依据标准参考值和实际产生值作决定即可。由于数据是商业世界的通用语言，沟通和协调的工作可以全部由数据完成，从而极大地提高运营效率。传统企业里几十人的运营团队的工作，在搭建完数据运营模式后，往往只需要四五个人即可。未来五年，将出现一个趋势——企业运营数字化，这一趋势里蕴含着巨大的机会。在此基础上，会出现统筹整个企业数据工作的数据价值官（Data Value Office，DVO），这类人员不仅管理企业内部的数据，数字化运营企业，还会结合外部各类情报信息，整合解析，运用数据为企业创造价值，并最终对企业的利润负责。

数据运营在替代传统运营的同时，会被拆分为追求增长的市场/用户运营（增长线），以及提升内部效率的销售运营（运营线）。目前已经普遍存在的 BI 部门仍会继续存在，以管理层、智囊决策层的角色切入日常运营，从某种意义上说，承担的是企业内部各职能部门统筹整合的决策运营工作，未来或属于数据运营的一部分，支持顶层决策。

传统企业的数据分析师的薪酬分为两部分：基准工资与业务绩效。

"直线"归属的数据部门决定招募、定级基准工资水平；"虚线"归属的业务部门是人员的实际使用部门，分析师的绩效与所支持的业务绩效挂钩。比如，支持城市的数据分析师，如果城市的目标完成，则分析师也会获得绩效激励；支持全国的数据分析师，只有全国的绩效完成，才可以得到绩效激励。与传统企业不同，线上企业的绝大多数数据分析师的绩效不与其支持的业务挂钩，而来源于周期性的管理层定性评价。由于并不用对自己的分析建议引致的结果负责，分析师往往只会完成上级交代的工作，而对于分析结果对业务的实际作用不做深入的理解及评估。这一点，有点类似内部的咨询公司，基于需求方的要求，提供数据咨询服务和支持，但不对结果负责。这里涉及数据分析师的定位问题。

为了让数据分析师的输出更有价值，企业内部最有效的做法是将数据分析师的绩效与其所支持的业务、项目目标达成情况"挂钩"，从而激发数据分析师的自我驱动力。

无论是传统企业，还是互联网企业，对应企业数据多样的需求与高强度的工作，好的数据分析人才在内部均为稀缺的资源。成熟的数据行业人才更像经验丰富的企业医生，为企业诊断关键问题提供解决方案，对症下药。由于数据行业属于新兴行业，并在这几年逐渐趋于成熟，海内外院校在 2016 年开始逐渐开设商业分析专业以应对市场需求，以香港大学商业分析（MSc in Business Analytics，MSBA）课程为例，课程长度为 1 年，即 2 个学期，课程费用为 25 万港元，课程结构如下图所示。

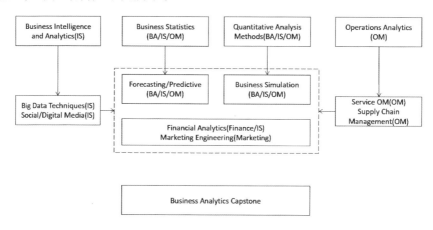

从课程结构可以看出，对于商业分析师的技能培养，覆盖了三个方面：信息技术能力、数学计算能力，以及商业理解和经营能力。不仅教授基础数据涉及的技术和语言，还涉及数学建模，而且开设了市场、运营、财务、供应链数据相关课程，并以商业智能分析为主修的核心课程。这一设计基本满足了市场需求，并为商业分析人才在未来快速进入数据行业发展提供了能力基础。

数据是物理世界向虚拟世界转化的媒介，是虚拟世界里流动的"血液"，而数据运营体系就是虚拟世界里的"神经系统"。

数据运营的基础重点在于做好数据行业的第一层：采集，即获取运营所需的数据。要满足这一需求，必须了解要运营的业务，以及该业务要达成的目标。在任何时候发现运营不出效果，则返回第一步，评估梳理业务，并评估业务目标是否合理，进一步明晰目标。

 1

基础篇

打好基础是实现数据运营的第一步，也是最重要的一步。企业往往忽略了对于基础的打造，然而基本功是决定这场战役胜负的关键。短期内可能看不出差距，长期来看，基础是否坚固最终决定了发展能否持续，企业最终可以走多远。本章从最基本的内容出发，协助企业解决数据运营基础建设的问题。

1.1 如何制定好的目标

本节思维导图

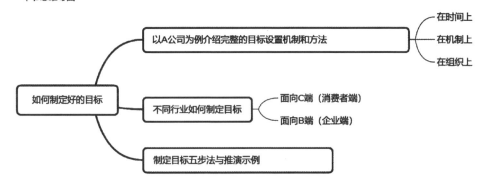

首先，好的目标一定是量化的，没有量化的是方向，不是目标。

其次，好的目标是一个以指标树为组织形式的目标群。

链路终点的目标与链路上所有的过程指标必须是关联的，即完成所有的过程指标，目标就会实现。在制定目标时，目标制定者必须经过这一步的论证。

A 公司是拥有 100 多年历史的传统外企，其业绩的长期稳定增长离不开合理的目标设置机制。以 A 公司为例，从时间、机制和组织三方面分享一下目标设置机制和方法。

时间上：

在每年的 9 月份，即启动次年的目标设置工作，为保障目标成功设置，将用 3 个月时间来反复论证和迭代。

机制上：

CEO 从组织顶层逐级下发一个目标，销售代表从组织一线逐级上报一个目标，由数据中心进行收集，对目标进行评估比较，同时跟各个横向部门沟通资源投入和达成方案，以及主要驱动因素，最后下发一版经过多方评估并且包含如何完成指引的指标给大区、片区、城市、售卖区、最小业务单元，进行逐级沟通确认，确保整个公司的各个部门及层级都清晰地了解目标是什么，以及如何完成。

综上所述，目标设置机制如下图所示。

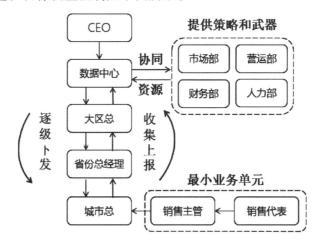

组织上：

需要由数据部门牵头，统筹各方共同完成目标设置工作。

有了基础，那么具体该如何实现目标设置呢？

以销售额为最终目标来举例，目标的完全拆解需要从内生维度、外生维度、时间维度、地域维度、结构维度五个基本维度进行。

第一个维度：内生维度

从内生维度上来看，销售额 = 销售量 × 平均价格，目标拆解全图如下。

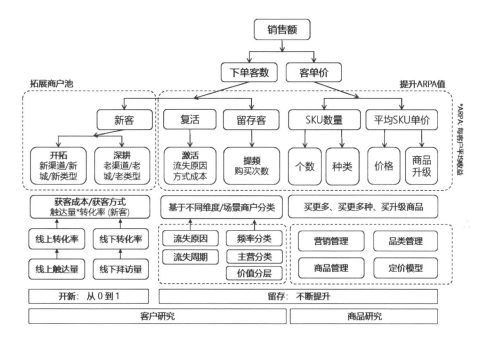

第二个维度：外生维度

目标的设置还需结合外生维度来进行，外生维度包括经济形势、市场规模与竞争对手情况。此处主要讨论市场规模、竞争对手情况对目标设置的影响。

市场规模取决于所在行业的规模。当所在行业被重新定义时，市场规模也随之改变，其潜力就更大。在一定细分市场内，当市场份额达到一定边界时，提升起来会较为困难，这一边界参考值约为40%。当一家公司的产品在该细分市场达到40%的市场份额时，想要再进一步提升就会非常困难。在这种情况下，可以选择把该产品所属的细分市场的概念重新定义，拓展潜力规模，或者使该产品进入维稳的状态，在其他细分市场开发新品，以促进企业市场份额的进一步增长。

市场规模的关联因素有场景维度和商品维度。场景维度指商品覆盖的场景规模有多大。商品维度指商品覆盖行业内的细分市场规模。以饼干为例，在商品维度上属于饼干市场，和其他饼干抢市场；也可以属于休闲食品市场，和薯条、瓜子抢市场；也可以拓展至饿了要吃的场景下，和一日三餐抢市场。市场规模如何定义，从商品维度拓展到场景维度，是常用的规模拓展法。

在确定外生维度时，要选择合适的市场规模。何谓合适？即当前商品可以覆盖使用场景。例如：小饿小困香飘飘，就是在定位方面很生动的例子。当有一点饿的时候，可以选择香飘飘作为休闲饮品。如果用"饿了就喝香飘飘"，则明显不是合适的场景选择。

如果我们把饼干放到整个食品行业中，或者定位为有点饿的时候，甚至有点无聊的时候打发时间的商品选择，饼干的市场空间就会更大（如下图所示）。而这一定位，也会反过来驱动产品设计迭代以使其更适应这一定位，从而设置这一场景/市场下的销售目标。这也是大部分外企饼干品牌会更强调趣味性，而国产饼干品牌更强调功能性的原因。在功能性打造上，除了传统意义上的"饿了可以吃"的饼干，猴菇饼干主打功能性的"对胃好"，占据了"早餐和上班时需要吃一点避免胃疼"的市场。由于其定位精准，打开了一个全新的空白市场，提高了成功的可能性。

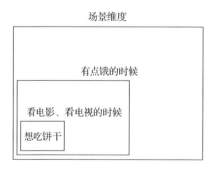 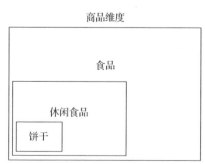

根据不同的定位，也会有不同的竞争对手，饼干的竞争对手可以是饼干，也可以是早餐店。定位竞争对手需要基于专业的用户调研。

"你的产品和其他什么产品形成可互相替代的关系？"

"用户决策使用哪种产品的决策树？"

"我们在哪个环节、如何作用，可以更有效地触达/影响消费者？"

在目标设置上，我们会参考研究竞争对手的战略布局，并将其融合到自身的发展路径里，做出一些调整。基本上仍以自身的发展路径为主，不被对手"带偏"。

第三个维度：时间维度

时间维度包含节奏维度和周期性维度，其目标拆解，需要参考历史数据，大多数商品都有季节性的表现。

季节性体现在不同的时间维度上，季度、月、周，甚至每天。比如，有些商品是早上下单的，有些商品则更多是晚上下单的。

根据历史数据，可以沉淀出过往的营销历史动作，也可以沉淀出季节性，并根据季节性进行目标的制定。例如，过往春节的销量是峰值，在制定目标的时候就要根据历史数据结合本年度的经营动作预测春节的目标值。

第四个维度：地域维度

地域维度可划分为大区/片区/区域、省/市/县等。很多公司在做地域维度的目标设置时，都会使用统计局的行政规划作为基础信息。国内经济的多元化使得各个城市的发展不均衡，西北地区的省会城市可能还没有东部沿海地区的县级市富裕，所以需要根据城市的经济发展水平和人口数量重新划分城市群，并结合产品特性，在不同层级的城市群内进行投放。

例如，A公司产品线很长，从高端到中端的产品都有，就需要根据不同的城市发展水平配置不同的产品组合，并根据当地不同产品的预估销量进行预算的分配。不同地域的消费者行为也不同，比如北京人可能更愿意去菜市场买菜，上海人可能更愿意去精品超市买菜。针对不同的消费者行为，也需要调整不同地域不同渠道的目标配比。

最后一个维度：结构维度

结构维度往往是由消费者的行为决定的，包含商品维度、渠道维度。在设置目标时，要考虑是不是消费升级？消费者是不是在转换购买渠道？

而对于结构维度的拆分，就需要基于消费者行为和心态的研究，同时结合全球其他城市的发展数据，对未来的发展趋势进行预估，然后回到当下，进行短期内（1~2年）目标的微调。

以上对目标制定需考虑的通用重点信息做了整理，下面将从不同企业如何制定目标的角度进行阐释，以使目标制定更具备实践性。

根据客户的不同，可以分为个人用户和企业用户。

个人用户指个人和家庭用户（即C端用户）。面向C端用户的企业，可以划分为线上企业和线下企业。线上企业如淘宝、京东等。线下企业，主要是在固定地点提供商品零售或者服务的企业，最典型的就是商超及餐饮门店，房产中介也可以归入这一类。与商超不同的是，由于房产属于不动产，房产中介主要围绕所负责商圈的楼盘提供售卖服务，根据不同地域的稀缺性，辐射的范围会更广，不仅是 3 ~ 10km 以内的客户，其客源可以是来自全国各地对该资源有需求的人群。

面向 C 端用户的企业的目标一般如何制定呢？人与人之间的传播途径与 B 端用户不同，人际传播分为触达和推荐（口碑）两种形式，触达需要平台覆盖推广，而推荐却可以引发爆发式的增长。面向 C 端用户的企业制定目标会考虑市场潜力和线上触达能力两个因素。线上触达能力又分为直接触达和转介绍（推荐，口碑）两种。

企业用户指商户（即 B 端用户），面向 B 端用户的企业像美菜等食材供应链企业主要面向餐饮门店，Qlikview 等软件服务提供商主要面向企业。

面向 B 端用户的企业应该如何制定目标呢？由于 B 端用户更强调服务性，其服务性一般由公司承担销售角色的人员提供。面向 B 端用户的企业制定目标会考虑市场潜力（市场上潜在的购物者的数量）和线下服务能力（销售人员的数量）两个因素。实际制定目标的过程往往是两者平衡的结果。

由于 B 端用户强调服务，所以以线下服务能力为主要考虑因素，而 C 端用户主要借助于线上触达能力，无论是 B 端用户还是 C 端用户，都会受到供应量的制约。

制定目标往往基于战略发展是快速增长方向还是提升盈利方向来确定。确定之后，还需要依据市场上的购买潜力、企业本身的服务能力、触达商户的能力、企业本身的供应链能力去做权衡，最终确定发展方向。发展方向决定目标的大方向，核心因素反过来校准战略发展方向的可行性。最终制定出可供落地的整套目标，如下图所示。

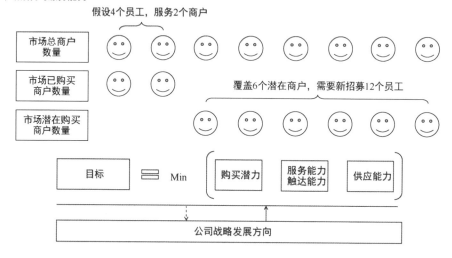

当企业要快速发展的时候，大方向是尽可能多地获取潜在客户，通过提升销售效率及招募新的销售人员带来增长，并确保商品侧可以满足该条件。此处，假设商品侧不受影响。稳定发展的企业一般不会大量增加销售人员的数量，更多的是从提升销售效率的角度去获取更多的潜在客户。

- 从能力角度考虑，销售效率的提升在一定时期内会有一个上限值，基于这个上限值可以推演出次年的销售目标。

- 从潜力角度考虑，基于提升多少市场份额及提升多少商品渗透率，也可以推演出次年的销售目标。

从两个不同的方向切入并进行成本权衡的结果，就是确认的次年销售目标。为了更直观地说明，我们基于一个来源于实际的案例来推演一遍如何制定全年目标。A 公司市场份额 20%，在过去 3 年里，每年以 1%的速度提升，今年目标预计提升 1% ~ 2%。在这个目标设定区间内，需要提升多少销售效率才可以达到？市场份额提升 1% ~ 2%，商品渗透率对应需要提升多少？由于销售额受到购买量和购买人数的影响，除了商品渗透率的提升，购物者的购买量是否还有提升的空间？

基于以上问题，我们做一遍推演。

第一步，确定核心指标，如下图所示。

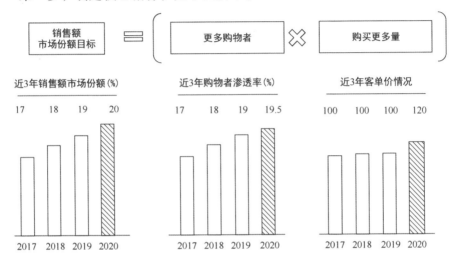

第二步，确定关键过程指标，基本如下。

- 基于基础业务监测的覆盖率、陈列指标。

- 基于业务发展的新客指标。

- 基于业务健康度的指标。

其中，

覆盖率的核心指标有销售人员拜访门店总数、每日拜访门店次数、平均门店分销库存量单位（SKU）数。

陈列的核心指标有主货架标准陈列占比、优胜店占比、旗舰店数量、形象店数量。

新客的核心指标围绕新客招募，包括新客触达、新客转化等。

业务健康度指标围绕销售人员的离职率、在岗天数、库存周转天数、费用使用情况及品类结构。

每一个过程指标都需要对比历史数据以验证合理性。

第三步，完成全年指标拆解。

指标拆解常用的维度有分渠道、分消费者使用场景、分价格区间、分品牌、分城市梯队、分大区或城市。为了确保指标的拆解可用，通常会以以上维度交叉出的最小颗粒度去拆解指标。

第四步，按照上面介绍的机制进行沟通和校准，完成全年至月甚至周的指标拆解。

第五步，在日常业务中进行监测。

在做监测的时候，监测数据的来源有哪些呢？一部分来自企业内部的系统数据，一部分来自销售人员填报，还有一部分来自购物者的数据。购物者的数据有全量数据和抽样数据。当调研服务质量时，也会以引入神秘访客的方式去客观评估服务质量，以促进服务质量的提升。

1.2　用目标、预测值和门槛值管理日常业务

本节思维导图

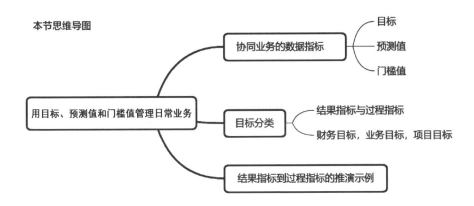

在上一节中，我们介绍了如何制定目标。在实际业务中，没有目标是极为特殊的情况，大部分时间遇到的实际情况是"目标太多了，我该听谁的"。

在这个时候，管理层经常会感到疑惑，这些目标都是谁制定的，为什么会不一致？

背后的本质原因是，每个部门都用自己制定的目标去管理自己所属权限的业务，虽然从小部门来看，没什么问题，但是汇总到整个公司或者集团层面，有时候就会出现目标彼此矛盾、导致内耗，甚至导致"全军上阵皆迷茫"的现象。

要制定好合理的目标，就必须确定好各部门目标间的关系，先完成顶层的北极星指标（第一关键指标）制定，再完成核心部门的结果指标制定，最后完成把控过程的过程指标制定，就可以通过数据来运营公司。

常用的协同业务的数据指标有目标（Target）、预测值（Forecast）和门槛值（短板值，往往是人力限制或者产能限制）。在企业中，这三类数据指标承

担不同的职责，缺一不可，彼此互补。

目标用于引领公司各部门达成公司增长及盈利的目的，同时是考核的依据。目标达成越高越好。

目标按照职责不同可以分为结果指标和过程指标。

结果指标按照来源和考核内容的不同又分为三种。

- 财务目标：由财务负责制定，该目标往往用于绩效考核，周期为年或月。

- 业务目标：基于财务制定的全年目标，业务方根据新用户的购买量和老用户的购买量提升进行场景拆分，以及基于地域大区的不同发展进行范围拆分。

- 项目目标：基于大促场景或者季节性场景下的目标，比如，分阶段制定双十一的目标，该目标周期为 11 月 1 日~11 月 11 日，而不是基于年/月/周等周期性目标，该类目标一般是项目负责人统筹业务负责人一起制定的。

过程指标指为了达成结果指标而制定的、用于过程管理和监测的指标。比如电话触达率、线下拜访门店数等，均是销售额对应的过程指标。

对于企业主来说，按照以下三个步骤进行部署就可以快速开展工作。

- 部署目标顶层架构，并沟通各部门（沟通不是同步，而是进行数字解读及如何完成的沟通）。

- 制定预测值，协调供应链体系，以预测值准确率考核预测部门（预测值准确度的考核标准可以设定为预测值准确率大于等于 95%）。

- 基于结果指标制定过程指标，确保过程可监控，当过程完成时，结果可达成。

过程指标和结果指标的关系是什么呢？就是彼此紧密关联，完成过程指标，必然可以促使结果指标完成的关系。

如下图所示，先假设商户客单价不变，为了提升销售额，需要提升购买商户数量；为了不增加成本，假设销售人数不变，则可以基于销售额目标，计算出每个销售人员每天都需要完成多少商户，减去现有的商户，则是每日需新增商户数。那么新增商户怎么来呢？按照目前销售人员的常用动作做拆分，需要每日线下拜访 10 家、电话联系 10 家、线上触达 20 家。然后对每个渠道都制定转化目标。只有这些过程指标都完成，才可以完成销售额目标。

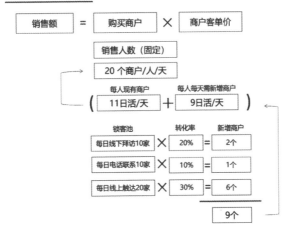

上图的示例推演与实际业务场景下的目标推演对比，逻辑方法基本一致，我们可以按照结果指标与过程指标拆解的方法，拆解客单价、毛利率等核心指标，最终确定全面、完整且聚焦的过程指标用于过程中的管理。

预测值主要承担的职责为协调销售侧的卖出与供给侧的供应规模一致，减少库存周转，避免商品滞销。预测值准确率100%为最优。

在通常情况下，预测值的制定流程为销售侧按照销售趋势进行预测，同步后端（工厂、物流等），后端按照销售预测值和周转率采购工厂生产所需物料，以销定产。在特殊情况下，比如当供应链是短板，成为供应瓶颈时，预测值的输出流程会调整为反向，即由供应链提供生产和物流的最大产能到销售侧，城市依据最大可销售产能来制定生产计划，以产定销。在目前普遍供大于求的场景下，均为销售预测向后端提供的流程；只有在供不应求的场景下，才会演化为反向流程。

最后，简述一下门槛值。门槛指制约目标达成的短板，而门槛值指短板的量化值。举例说明，某公司销售人数不足是达成销售额目标最大的门槛，为了可以达到销售额目标，至少需要把销售人数增加至1 000人。在上述的例子中，门槛是销售人数，门槛值是1 000人。量化门槛值是协助企业达成目标的重要工作。

1.3 做好指标统一的基础工作

本节思维导图

很多企业连数据运营的基础工作都没有做好，就宣称自己是数据运营公司，每逢看到此类情况，笔者总是可以感受到"谜之自信"的力量。

把以下基础工作做好，普通企业基本就够用了，之后才是精进的阶段。

指标统一：指标五步法

数据运营的"七寸点"在于做好指标统一的基础工作。在大部分企业中，数据指标的设定和统一工作往往会被忽略，结果导致各个部门沟通起来口径都不一致，各方以为在开同一个会，其实讲得全是不一样的信息；严重的时候，由于对指标所表达含义的不清晰，可能造成对形势误判，从而影响决策。

指标统一工作需围绕指标架构、指标设定、指标关联、指标树梳理、指标应用这五项基础工作。

如果企业内部已经有了成套的指标，重新架构指标体系成本较大，则可以重新梳理，协助指标归位。

首先要做好指标架构。很多公司信息复杂，指标多到数不清，谁也解释不了其中的定义，往往是因为忽略了指标架构这一环节。需要按照公司的组织结构结合业务场景进行梳理，在各个场景下设定需要监测的核心指标。

在确定要监测的内容后，需要进行目标设定。具体的工作是对指标的定义进行确认，并对计算方式进行公式化。

然后，计算指标多了，就需要按照计算关系把它们联结起来，除了有直接关联关系的指标，在实际业务场景中，还需要验证两个独立的指标是否会有相关性。比如，提升 A 指标，保持其他因素不变，是不是 B 指标就会提升。了解了指标和指标间的关系，在解读数据方面就可以达到基本的融会贯通。最后联结在一起的指标结构像一棵树，为了生动化呈现，我们把它称为指标树。

最后，指标应用。指标会在各类分析报告中被使用，也会被应用在各个运营环节，比如佣金计算、预算分配等。指标应用一定要在前面四项工作都做好后再开展。

如果只知道用指标阐释高低对于业务来说是没有任何意义的，需要从全局去看，说清楚指标对应的这个数值背后代表的业务含义。

如果把"指标五步法"比作一个金字塔，如下图所示，则需要从底部开始搭建基础，逐层递进，才可以到达应用层，让数据真正发挥作用。

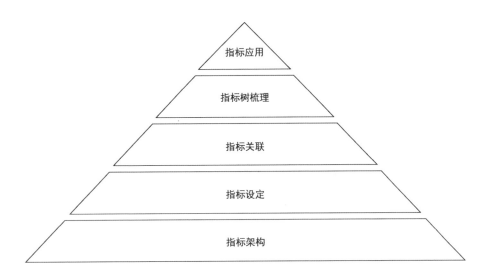

由于资源和时间有限，企业往往从指标应用直接切入，虽然节省了"指标五步法"中前四步的时间投入，却可能造成大量的无用工作和无效沟通，后期去修正的成本往往更大。

- 按照金字塔模型做好指标的基础建设工作，练好基本功，才能练成绝世武功。

- 这个金字塔还包含了另外一层含义，可以真正到达顶层的分析师也是非常稀缺的。企业内部缺少优秀的数据运营人才，就好像化学反应缺少了催化剂。

指标架构怎么做？

核心要基于业务场景来做。为了保持对"业务场景"的理解一致，我们用一段业务场景的描述来厘清各个概念。

A公司是一家覆盖全球的日化商品制造商，其主要渠道为线上平台、线下商超，以及传统的杂货店。过去十年，A公司共经营了多个品牌，覆盖了洗护、美容等多个领域。

针对这样一段描述，A 公司的业务场景对应的是消费者到店或者线上购买日常洗护、美容的商品。

消费者是否能在店里见到产品对应分销率。

消费者是否能在线上见到产品对应曝光率和各类转化率。

其他品牌的消费者看到有促销，转而购买了 A 公司的产品，对应获客成本、费用效率和转牌率。

基于故事线的描述，简化提炼出以下核心业务场景：（数量众多的）消费者在（各类）交易场所购买了 A 公司的产品。对这句话进行分词拆解，就得到了业务场景的模块，如下图所示。

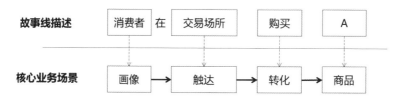

在拆解出业务场景后，我们确定在各个场景下看什么指标，对应做什么研究，如何解读这些研究结果，如下图所示。

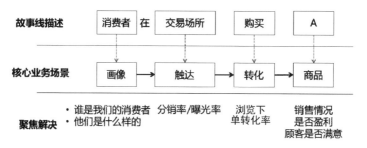

基于对业务场景提炼和待解决问题的聚焦，我们可以进行下一步：根据要解决的问题设定指标，用于简化和量化。分析师非常喜欢设定一些自己的指标，不过这里需要提醒大家，在通用场景下，经典的传统指标基本上可以解决 80%

的问题，如非特殊需要，比如只有用新指标才能发现和说明结论，就无须设定新指标。为了结论的落地和易于理解，最好简化处理。

在这一层，我们在下图中添加上解决问题的对应指标就基本完成了。

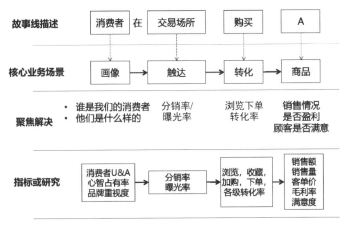

有了这些指标，就好像拿到了企业的拼图，下一步，就可以把这些指标拼图沿着实现路径拼成一幅完整的画面。在画出指标间的实现路径后（如下图所示），我们就可以清晰地得到提升销售额的方法，不断提升消费者触达率+各环节转化率（或者缩短环节），最终提升消费者满意度获得持续购买。

指标关联关系

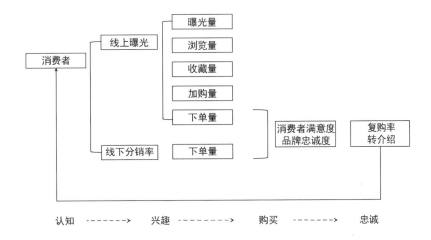

在确定指标与业务环节环环相扣并通过互相作用实现最终的目标后，我们就完成了完整的拼图。为了把企业的所有指标都清晰归类，便于快速了解都有哪些拼图，我们会把指标按照不同的分类聚集成树状结构，这时，就形成了指标树，如下图所示。

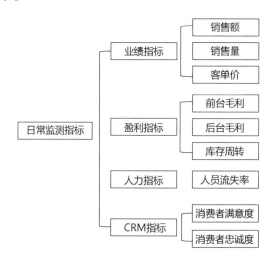

一般企业的指标树梳理会相对复杂一些，不像示例这么简单，但也会根据行业的不同存在一些区别。

在有了指标树之后，就是最后一层——指标应用。

从指标树的结构可以快速地将其应用到日常监测报告中。几乎不用更改顺序，就有了报告的提纲。

除此之外，指标树还可以用于各种交叉分析，比如销售额下降是否是由人员流失造成的等。通过指标关联关系的分析，最终定位企业内部的问题，跟进解决。当遇到新问题，现有指标无法解决和聚焦时，就会衍生出企业特有的新指标或者解决该问题的专属指标。

学会了指标五步法，还需要多练习，要根据自己的业务拆解一下。我们很容易在各类书籍包括网上的资料中找到各行各业的常用指标，也会看到数据产品可以便捷地把各类指标展示并且监测，不过在实际业务中，建议不要直接套用。在不同的阶段、不同的场景下，指标所表达的含义是不一样的，只是罗列往往无法击到痛处，这也是为什么对于同一套数据，不同的人可以得到或深或浅甚至不同的结论一样。指标就像衣服，需要合身才好穿，建议本书读者根据指标五步法制定符合自身企业的指标。拿来虽快，却不一定好用，用了也不一定能真的促进业务。最好自己架构最符合公司当下发展阶段的指标，最有用最有效。虽麻烦，但却值得。

此外，需要强调的是，指标选择往往是决定业务发展的"七寸点"，在发展中看错指标往往会产生错误的结果。独角兽变路人公司，可能就是因为北极星指标追的是用户量而不是活跃用户量。

②

效率篇

企业为了存续发展，关键要促进增长，降低成本，提升效率。本章将会介绍数据运营如何从盈利、品质、销售、组织效能四个方面助力企业在激烈的竞争环境下提升效率，打造企业效率的"护城河"。

2.1　如何通过数据驱动盈利提升

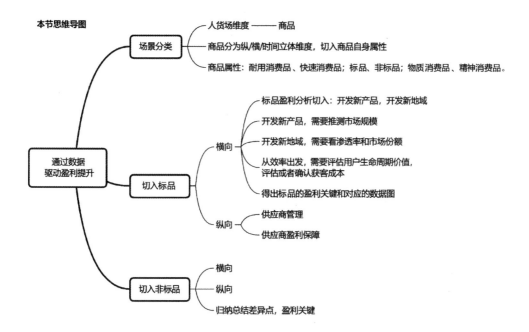

提升企业盈利有很多"法子"，或者称为模块（如拓展业务线，通过金融方式进行盈利），这里仅从基础提升角度来说，从零售业"人货场"展开。

- 从人看，评估购物者的生命周期价值，也可以理解为整体贡献价值。

- 从商品看，评估不同品类、不同地域范围、不同时间的毛利率情况。

- 从场看，评估不同平台的毛利率情况。

从商品切入，可以展开为立体的三维空间，其三个维度分别如下。

- 纵深维度：指在商品供应链的各个环节上的毛利率情况，以及为了维系商品流通生态所遵循的一定标准。

- 横向维度：指在不同的地域范围内不同的毛利率情况。

- 时间维度：指在不同的时间范围内的毛利率区别，比如，2020 年与 2019 年的毛利率区别，节庆时间与非节庆时间的毛利率区别。

通过以上维度可以构建出商品的立体空间，该空间的形成基于商品的内核——自身属性。根据属性是否固定，商品可以划分如下。

- 标品。

- 非标品。

还可以按照消费速度，划分如下。

- 快速消费品。

- 耐用消费品。

比如，鞋子一般属于非标品、耐用消费品；包装食品属于标品、快速消费品；蔬菜属于非标品、快速消费品。

根据其应用场景不同，又可以划分如下。

- 物质消费品。

- 精神消费品。

物质消费品会集中在衣、食、住、行四个方面，精神消费品可以分为娱乐、旅游、文化等方面。

由于商品的丰富性，围绕商品的分析会非常有趣，有时候还会涉及文化民俗等。比如，预测羊年新生婴儿奶粉销售量的时候，会分析羊年新生婴儿数量是否会下降。根据数据监测，会发现该现象确实存在，不过北方较南方更明显，粤港一带新生婴儿数量不仅不会下降，反而还会增加。

围绕商品的分析也会在下沉市场时，引入城市发展水平等维度的分析，通过了解当地居民的消费习惯和收入水平，确定与之对应的全新商品生产线，或者不断优化现有商品以获得持久稳定的销量。

在分析物质消费品时，我们往往从品切入；而分析精神消费品时，我们往往从其适应的人群切入，以得到更具象化、可应用的结果。

让我们先从物质消费品→快速消费品→标品切入，来看如何提升盈利；再看非标品如何从商品的角度提升盈利。

标品，由于其固定、稳定的属性，商品一致性、标准化程度高，在最终售卖的定价上基本可以在大范围内保持一致（比如建议全国统一零售价，各地价格差异维持在一定幅度内），这样做的最大好处是可以保持供应链生态平衡，确保与制造商合作的供应商得到合理的获利空间，从而获得持续发展。盈利的提升主要通过以下两个途径获得。

- 丰富产品线（开发新商品）获得更多盈利。
- 开发更广地域、人群以提升规模效应，分摊成本。

丰富产品线对应的是市场定位和人群研究。

在市场定位的分析中，我们往往会从场景切入。在该场景下，是否存在满足购物者需求的商品？都是哪些商品？目前还有哪些未被满足的需求？针对这部分未被满足的需求，我们该如何开发产品才能切出一块确定的需求市场？当确定可以切出的市场规模足够大的时候，就可以在该细分市场开发新产品，并通过对潜力人群的研究确定产品的属性、包装、推广渠道等。

这种传统的"市场-人群-商品"研究花费的时间往往较长，一般会持续 6 ~ 8 个月，该时间在近几年不断缩短，传统制造商可以缩短至 2 ~ 3 个月。纯互联网企业可以完全省去研究环节，直接上新品，通过 A/B 测试验证的方法获得最合适的商品，大大缩短了丰富产品线的时间，从而快速抢占市场先机，这种模式称为"商品-人群-市场"模式。

"商品-人群-市场"模式转换为由研究市场到定位人群，再到开发产品的路径，逐步演变为先开发多个产品（物理或虚拟的商品），然后投向更为广泛的人群，接着筛选出获得良好反馈的产品，直接投向适合的市场。以上演变可以简单地归纳为：由先想后做演化为先做再看。互联网为什么变化这么快，也跟该模式演变有一定关系。先做，先上，再改，看看情况怎么样。在这样动荡的变化和测试中，适合的产品最终被留下来，不适合的产品自然被淘汰。

盈利提升的另一个途径是开发更广地域、更大人群的市场以提升规模效应，对应的是"渗透率"与"市场份额"的提升。

- 渗透率 = 使用该商品人群数量 / 总人群数量。

- 市场份额 = 该商品销售额 / 品类销售额。

渗透率是购物者角度的指标，市场份额是商品角度的指标。

我们先从开发新地域说起。开发新地域，顾名思义，就是开拓更大的市场，吸引更多的购物者。比如，从北京市场拓展到华北市场，扩大了地域范围，带来了新的增量；或者在北京市场深耕，由 100 个人购买，拓展为 1 000 个人购买，提高北京市场的渗透率。

当评估和监测开发新地域的进展情况时，最常用的指标为渗透率和市场份额。比如，北京市场奶粉购买情况如下图所示。在市场上的 4 家制造商中，有更多的购物者购买制造商 A 的商品，10 个人中有 4 个人购买，其渗透率最高，为 40%，为了带来增长，可以先进一步研究如何让现有购物者购买更多。而对于制造商 D 来说，虽然渗透率较低，仅 1 位购物者购买其商品，可是由于其购买了 9 罐，使得制造商 D 成为市场份额最高的制造商，市场份额为 33%，占据了领先地位；在庆幸的同时，需要警惕这位购物者转而购买其他制造商商品的风险，还需要研究这名购物者如此大量购买的原因，是否具备可复制性，是否可以推广及吸引更多该类型的人购买。

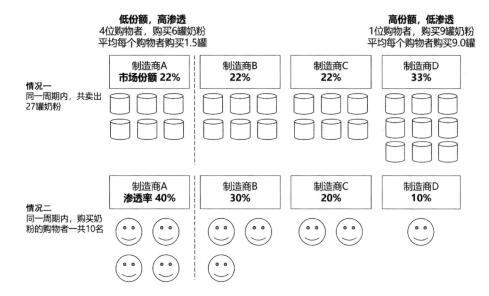

当研究如何开发新产品及监测新产品的表现情况时，我们会用人群分析来定位潜力市场空间，并通过市场研究和消费者调研来获得"尚未满足的需求点"，以开发该空白市场中的新产品，从而通过满足消费者的该类需求来获得销量的提升。

从历史商品数据来看哪类商品规模大是从商品的维度看机会点，出发点为商品，基于该类分析，往往选择从目前规模最大的市场进入。而从购物者角度分析，则需要更为深入地研究购物者为什么要购买该商品，是为了满足什么需求。了解了购物者的购买原因，往往可以"弯道超车"，从成熟的红海市场中切出一片蓝海市场。谁能拥有这样的魔力，就要看哪个公司的数据运营人员的功力强了。

那么，如何在市场中找到未知的潜力空间呢？此处我们以牙膏市场为例进行分析。在定位前，我们需要给现有品牌进行归类，也就是在市场矩阵内找到自己的位置，最简单便捷的方法就是使用波士顿矩阵图（四象限图）。通过与购物者沟通，针对牙膏，购物者提出了两个关键词：美白牙齿和牙龈健康。我们可以基于这两个维度，对现有商品进行归类，如下图所示。

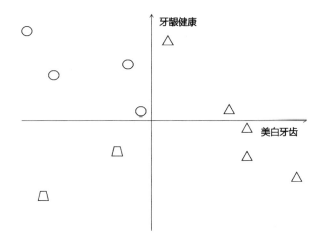

通过归类，我们发现，除了非常规组（左下角的象限范围，代表既不强调牙龈健康也不强调美白牙齿），大部分牙膏在功能性方面表现明显。在进行现有商品的归类后，很快发现在双重功效的区间上，产品较少。那么是不是就可以在该领域开发产品呢？先等一等，空白地带也可能不是潜力机会点，而是"无需求的真空地带"。那么，我们是否可以直接询问消费者是否有"双重功效"的需求呢？这里有一个"坑"，消费者未必知道自己的需求，或者说，消费者未必可以清晰地阐释自己的需求。在这种情况下，往往需要以下几个工具来挖掘真实的需求。

- 问卷调研：指通过设计有前后逻辑关系、问题逐渐深入的问卷，调研消费者的真实需求。

- 焦点小组座谈会（Focus Group Discuss, FGD）：指通过由定性研究主持人主持、6 ~ 8 个消费者进行自然沟通的方式，调研消费者的真实需求。

- 观察法：指通过观察消费者的使用场景和使用过程，发现消费者的潜在需求。

在以上三种方式之外，还有脑波监测法、眼动仪监测法和传感监测法，通过各式各样的记录仪来记录消费者的行为。从其原理上来看，均可以归为观察法，只是观测的设备在不断地升级，使用更先进的设备，可以得出更为精准的调研结果。

那么消费者是否有"双重功效"的需求呢？

我们可以给消费者几款产品，同样的价格和包装，分别强调美白牙齿、牙龈健康和双重功效，然后通过收集消费者的反馈信息，了解消费者购买的产品数量分布情况，从而判断该款产品是否具备市场潜力。

针对购买双重功效产品的消费者，可以咨询其购买的原因，为什么没有选择另外两类产品，以挖掘消费者购买的原因，以及背后的应用场景。

通过这样的定位→确认，反复研究，我们可能获得的结果如下。

- 消费者对于双重功效有需求。

- 对于需求不明确的消费者来说，双重功效更符合其需求。

- 产品描述关键词的确认：通过了解消费者对于功能需求的描述，比如，
  "我上火了会吃些中药，要是牙膏中有中药成分，我觉得会对牙龈上火
  有效果"，从而得到商品名称中使用什么样的关键词可以促使消费者对
  该产品具有的功能产生关联联想。

经过一系列研究，输出的研究结果可能是：现有消费者需要一款中草药+
盐白、强调双重功效的牙膏，价格接受程度在 7.9~9.9 元。

基于该研究结果，市场部可以进行下一步工作，给出建议零售价。此处需
注意，最终零售价的确认，还需要结合产品部门协同工厂提供的成本数据，并
结合市场上同类商品的价格进行综合评估，以调整确认。

在营销资源投放渠道的选择上，在需求人群最为关注的渠道进行投放，可
以达到全链路的效率最优。

对比标品的盈利提升，非标品要"有趣得多"。为什么这么说呢？标品的
成本利润相对透明，往往使用的是传统的成本加价法，保证各个环节都有一定
的利润率，就可以完成定价的"主体"，也会结合市场价格、需求人群的购买
力，融合一定的品牌溢价，在该标准行业的价格区间中占据一定的市场定位，
维持较为稳定的利润率。

要通过数据驱动非标品行业的盈利能力的提升，我们必须先了解造成非标
品千差万别的原因，进行本质思考，再逐级深入。笔者之前在外企做分析时，
经常会使用"Deep Dive"作为研究报告的标题或关键词，后来越发觉得这个词
生动。研究的好坏，往往取决于是否潜入足够深的领域、是否触及本质，而不
是仅仅"在水面上游来游去"。

非标品千差万别的原因往往在于其多样性的复杂程度，使得非标品难以标准化。非标品的多样性，不仅体现在商品的物理属性上，还体现在时间维度上。以蔬菜为例，蔬菜不仅有丰富的商品类型、地域性、季节性，还会因为复杂的天气、环境、物流状况、参与方报价的不同等多种因素的影响，导致每日价格的实时波动。

衣服、鞋子和饰品也属于非标品，但相关行业正在努力将其标准化。笔者也认为，其非标准化的程度是低于生鲜品类的，核心原因在于同样商品的价格在不同时期还是相对稳定的。

对于非标品来说，生鲜是非标品领域最有趣的"殿堂"，融万千复杂性于一身，也是最难以被标准化的领域。

笔者认为，非标品的盈利取决于以下两个关键信息。

- 对于人群需求的快速判断及数据化运营程度（横向）。

- 对非标品全链路供应链全面管理经营的能力（纵向）。

非标品产业不仅链路长，而且在销售终端往往需要服务性顾问的存在。由于商品千差万别，价格实时变动，靠人去完成经营动作往往滞后于需求。因此，在发展到一定规模后，数据运营所带来的效率提升是最大的盈利突破点。通过数据运营将非标品供应链管理中居高不下的经营成本降低到其他竞争对手无法做到的程度，这就是行业厮杀中的"胜负手"、决胜的"七寸点"。

对于人群需求的快速判断，实现千人千面的定价管理；根据对市场价格的了解，实时判断供应商报价的合理性；线上实现精准的千人千面推送，线下实现专家式服务，供应链全链路在保障品质的基础上，实现效率的最大化。以上这些，都需要数字化和数据运营能力做支撑。

那么，未来最领先的数据运营在哪里？笔者认为，很有可能会出现在生鲜供应链领域：通过从全局到细节的各个模块的数字化运营转型，不断驱动一毫一厘的成本降低和利润增加，从而达到其他行业及本行业竞争对手无法达到的极高运营效率。

2.2 如何通过数据驱动品质运营

本节思维导图

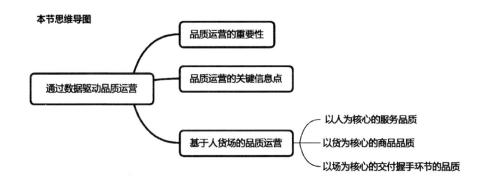

忽视品质运营的企业无法走得长远，通常会越走越累；重视品质运营的企业可能一开始会走得很累，却可能忽然有一天变成了行业标杆，难以超越。

坚定不移地做品质运营，才是面向客户做长期价值增长的稳健策略。

品质运营的目的是提升客户体验，建立起口碑的"护城河"。

做好品质运营，需要建立整套的品质数据监测体系；我们经常说的体系，实则由业务场景抽象而来，抽象出各场景下基于流程规范的框架骨骼。

品质运营的关键在于，在业务流程中，制定执行的标准及核查的方式。通过业务场景，分类并归集业务动作和对应的核心指标，沉淀成制度与机制，驱动品质提升。同时，需要梳理出品质运营在各个业务场景下的责任方，从而完成品质工作的分工：谁制定规则，谁负责运营，谁负责执行。

简而言之，品质经营需要有业务流程、涉及标准、检查策略三部分内容。同时，归纳出工作模块、工作场景、任务动作、核心指标和制度规则。

在基于人货场的品质运营中，可以划分如下。

- 以人为核心的服务品质。

- 以货为核心的商品品质。

- 以场为核心的交付握手环节的品质。

先举个例子"热下身"，在传统零售业对商品的监测中，往往会监测商品的新鲜度，避免新鲜度不佳（接近保质期结束）的商品流入市场。

新鲜度不佳的商品流入市场会带来很多风险，比如，由于消费者不愿意购买而造成高库存和滞销；由于零售商急于清库存而降低售价冲击市场；或者消费者购买回去，按照消费量会在使用完成之前就达到保质期（比如奶粉等）。

为了避免以上风险，对于新鲜度的管理，就显得十分重要和必要。在距离保质期还有 6 个月的时候，就需要提前进行动作，逐步降低高货龄商品的库存，维持周转率在合理范围内的同时，基于先进先出的原则，确保商品新鲜度在市场可接受的范围内。

由于商品的属性不同，在品质运营对应的内容上就会有所不同，沉淀到数据层也会不一样。比如，食品类的快速消费品对应的内容包括是否新鲜，陈列商品是否有凹罐等；对于房子来说，则可能是房子本身是否南北通透、楼层高低（货），是否有三证两书（场），带看服务是否到位（人）等。根据商品的不同，展开的内容也不同。

以人为核心的服务品质，在数据管理上，可以拆分如下。

- 是否真实（基础中的基础，信息是否准确）。

- 该做的有没有做（确保完备）。

- 不该做的是不是没做（避免违规）。

- 客户体验（效率与评价）。

以买房流程中的服务为例，有买房经验的小伙伴都知道，业主在计划卖房的时候，会先联络经纪人，确定委托之后，提供一些资料，然后就等待经纪人带着顾客来看房。为了确保这个过程的服务质量，品质运营可以做些什么？

首先，需要把环节模块化，模块化的方式我们在另一节里有介绍，这里直接按照故事线把模块梳理出来。

- 有业主来，是否立即有经纪人服务？是否跟业主建立了联系？

- 业主确认委托，是否获取了业主的相关文件？

- 拿到房源之后，多久进行真房源验证，是否有信息需要修改？

- 房源是否及时录入和发布？

- 房源字段的信息是否全面准确？

- 房源上线之后，顾客在即时通或者 400 电话上沟通，是否及时响应？

- 是否有照片？照片是否合格？是否有针对房子的评价？

- 每天聚焦售卖的房源是否是好的房源？

- 经纪人带着顾客进行看房的行为是否真实？

- 成交过程是否合规及符合流程？

按照故事线，可以分为收取房源、检验真实性（不仅包括房源的真实性，还包括房源相关信息的真实性，比如面积、朝向等）、录入、发布、维护、带看、成交七个场景，此外，还有下设的需要把控服务标准的各个小环节。

在各场景和小环节中进行指标化，就可以开展服务品质的数据运营工作了。

- 收房场景：材料完备率（材料是否齐全）。

- 检验真实性场景：真实率，及时审核率，实地勘测率（实地拍摄房源照片及测绘获取房源面积信息），实地勘测合格率（拍照和勘测是否合格）。

- 录入场景：及时录入率，字段信息完备率（需要收集和录入的字段信息是否全部完成了录入）。

- 发布场景：及时发布率（发布房源信息是否及时，还是手里"捂了捂"再发）。

- 维护场景：即时通或 400 电话接通率，录入率，转带看率，房评率。

- 带看场景：带看真实率。

- 成交场景：违规人员名单。

通过找到业务环节中的"七寸点"，比如，对于看房子的人来说，让其尽可能了解房子的全面信息，就可以加快判断速度，字段信息完备率可以确保所需字段均填写，同时考核准确率，确保填写准确及时。在服务中，及时响应很关键，为了确保每一位顾客及时得到服务，考核即时通或 400 接通率；为了细化服务，还可以考核分钟响应率，比如 1 分钟响应率等。为了确保带看真实，没有虚假带看损伤顾客体验，会严格考核带看真实率，并针对触犯红线的行为进行清晰定义，一旦触犯红线，将获得惩戒，严重者将被开除，永不录用。

通过把服务过程数字化，就可以实现通过数据运营的方式驱动品质提升。

企业如果还处在未进行数字化的阶段，一定要咨询具有经验的数据应用架构人员，来整体架构该体系，确保数据可监测，并反映真实的业务情况。品质运营指标的设计只有击中业务"七寸点"，才可以真实推进品质的提升。

在商品品质和服务品质方面，前面都有详细示例解释，这里再举一个以"场"为核心的交付握手环节的例子。我们以典型的供应链企业为例，如何保证货物在交付环节中的品质呢？

基本原则是减少握手环节。在供应链企业中，交付环节越少，对品质的影响越小。直至无法避免的最小的握手环节，需要根据所交付的商品，落地可保证品质的方案。例如，在交付蔬菜的时候，装筐交付和非装筐交付将使品质产生很大区别。装筐交付的蔬菜，由于避免了挤压和频繁移动带来的损耗，最大限度地降低了交付过程中品质的降低。因此，为了提升整体的品质，可以考核装筐率。

同样，针对不同的场景和环节，均需要先进行业务架构的数字化，然后使用技术的力量把数据监测起来，不断跟进运营，从而通过数据驱动品质的提升或者避免品质下降。针对流失的商户，还需要不断复盘流失的原因，找到商品品质、服务品质上可提升的点，不断优化品质运营的流程，夯实品质门槛的护城河，让品质为企业成为"行业第一"保驾护航。

在数据驱动品质运营中，模块化说起来简单，实际做起来非常难，需要不断架构、推敲，在实际场景下验证。就犹如颁布一套法典，根据真实场景不断地进行优化和修正，需要持续做。虽然过程是艰辛的，但品质的提升却可以给客户带来极大的价值，也可以驱动企业基业长青。万事开头难，借用链家创始人老左的一句话，"做难而正确的事"。提升品质不容易，却绝对值得。希望企业可以为了品质"下得了狠心"，通过数据运营把品质提升起来。

2.3 如何通过数据驱动销售效率提升

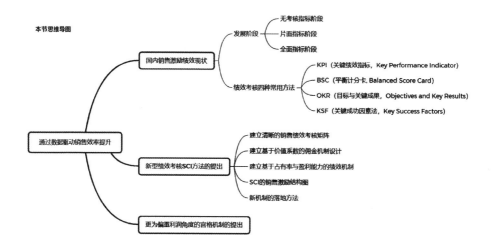

业绩增长是企业存续发展的核心话题，在轻重结合的互联网企业中，除了通过线上手段来做增长，依靠线下地面团队带来持续稳定的增长也是需要突破的关键问题。

如何通过有效的激励手段推动和促进线下地面团队达到增长目标是个既现实又复杂的问题，非常需要借助理论结合实践的深入研究，达到"既与业务发展贴合，又能激励销售人员日常工作"的目的；同时，需建立评估体系，以监测和评估不同业务场景下激励方式的效果，平衡投入和产出，最终提升运营效率，获得运营产出。

在此背景下，本节将提供几个切实可行的销售团队激励方案，以及相应的组织设计方法，用以配套实施。这些方案可以应用于类似行业的同等阶段、同样规模的公司，其中的方法论也可以供其他行业借鉴。

在介绍方案前，我们先谈谈国内销售激励绩效的现状。目前国内销售激励绩效主要有三个阶段。

- 无指标阶段。

- 片面指标阶段。

- 全面指标阶段。

阶段一：无指标阶段。企业内部无销售激励绩效指标，或者销售激励绩效指标以定性和个人判断为主；其背后的原因主要为企业目标不明确；也可能针对目标的考核指标内容过于空泛，不适用于所属行业。无指标的激励方案不具备客观性和公正性。这一阶段可以归纳为：老板说你行，你就行。

阶段二：片面指标阶段。企业内部有销售激励绩效指标，以结果指标为主，如销售额、销售量等。其局限性主要反映在：局部的（部门或者员工个人的）考核绩效指标与最终企业目标脱钩，在个人完成绩效指标之后，企业最终目标可能没有达成；结果指标滞后，考核频率为年度或者季度，在季度回顾之后，再针对潜力机会点进行优化调整，已经错过了市场最佳时机，不适用于快速变化的市场环境，及时性欠佳；同时，由于并未反映出员工从事基础工作带来的长期贡献，客观性、公正性也欠佳。

阶段三：全面指标阶段。从顶层出发设计规划指标，覆盖各部门及企业发展的各阶段，同时销售激励绩效指标与企业目标关联性高。通过监测与跟踪各项销售绩效过程的考核指标，可以推动组织内部各层级、员工个人及时进行优化调整，最终推动企业目标的达成。全面指标由于其全面性，有助于保持企业对销售绩效考评的客观性和公正性，从而驱动销售人员理解、认可并达成目标。不过由于全面指标较为复杂，在执行落地上难度较大，在实际工作中，也容易让组织难以聚焦。

随着西方绩效考评的思想和方法论不断深入，绝大部分国内企业均推行了销售激励绩效。早在 2006 年，我国就有超过 72.1%的企业推行了绩效考核。

尽管应用普及率较高，但在实际执行过程中，存在内化不足和落地性不佳的实际问题，使得绩效考核指标往往流于形式，未发挥其作为内核驱动力推动业务发展的作用，并未形成驱动业务发展的正反馈、正循环。本质原因在于，通用型指标很可能不适用于企业所在行业或者发展阶段。指标未经过设计人员的顶层设计和架构，在落地的过程中会存在适用性不足、无法落地、宣传推广不到位造成的理解及认同欠缺，导致指标执行流于表面、"走过场"等问题。不仅绩效考评未达到驱动业务发展的作用，由于其客观性、公正性不足，在考评结果中难以应用，在员工和团队中还会产生负反馈，具体表现为抵触绩效考评、不认同考评结果、工作中产生怠惰情绪，不利于企业长期发展。

绩效评定之后，在制定与其对应的奖励或激励环节中，也较为"简单粗暴"。一般以销售额提点为主，短期激励较多；长期激励较为匮乏，难以驱动业务持续健康的发展；在顶层设计中，对于员工关怀、自身发展等方向的部署也较为欠缺。

总体来说，国内大部分企业的销售激励绩效指标仍停留在 KPI（Key Performance Indicator，关键绩效指标）和 BSC（Balanced Score Card，平衡计分卡）的时代，亟须能适应快速变化的外部环境的新型销售激励绩效指标及体系。

对比传统企业，在互联网企业中，对比传统企业，销售激励绩效考核遇到的最大挑战来源于快速变化的市场环境及组织对外部快速变化的适应能力，在"拥抱变化"的本质需求中，为销售激励绩效考核带来了全新的挑战，不仅要求绩效考核指标与企业追求的最终目标钩稽相关，还要求绩效考核可以灵活变化。传统企业中应用的年度评估或者季度评估的指标到了互联网企业，往往月度甚至周度就需要开展不同程度的重新架构、评估和优化的动作，以推进组织快速变化，适应市场需要，从而在激烈的竞争环境中获取或者保持领先优势。

互联网企业常用的绩效考核指标，除了在传统企业中有广泛应用的 KPI 和 BSC，OKR（Objectives and Key Results，目标与关键成果）也较为普及，并在快速变化的市场中，正在逐渐替代 KPI、BSC，成为绩效管理的主要工具，发挥作用。

除了 OKR，在小微企业中，KSF（Key Success Factors，关键成功因素法）绩效考核方式也得到了广泛应用。KSF 是信息系统开发规划方法之一，由哈佛大学教授 William Zani 于 1970 年提出。其在企业内部的应用主要是将企业利益与员工利益联结在一起，通过设定企业达到目标的关键因素，把关键因素作为薪酬的组成指标，按照不同的权重和实际达成情况来计算薪酬金额。

为了更直观地展示，我们用一个例子说明，如下表所示。

关键指标名称	达标点	月薪权重	占比金额（单位/元）
销售额达成	98%	60%	3 000
毛利达成	95%	40%	2 000

当员工销售额达成达到 98% 时，获得销售额对应金额包 3 000 元；当员工毛利达成达到 95% 时，获得对应金额包 2 000 元。绩效由销售额达成情况和毛利达成情况组合而来。KSF 最大的特点在于，它不仅是绩效方案，也是加薪方案。员工为了追求高额收益，在提升收益的同时，完成了公司的关键成功因素的提升。

现代商业环境进入了 VUCA 时代（Volatile——不稳定，Uncertain——不确定，Complex——复杂，Ambiguous——模糊）。在这一环境中，无论是 KPI、BSC、OKR 还是 KSF，都有不同的局限性。尤其在发展最为迅猛的互联网企业，为了应对复杂的环境，需要更灵活的销售绩效工具出现，可能是融合多种绩效机制优势的管理机制，也可能是颠覆性的新型销售绩效管理机制。同时，该机制需满足企业的自身战略部署和组织特性，才能在保障企业核心目标达成的前提下，不仅推动员工追求目标，还能激发员工的主观能动性。与市场环境、竞争情况相结合，才能建立更具备适应性的考核机制，以驱动企业内在的竞争优势，从而通过机制的设定，增强企业在市场上的竞争力。

从市场现状来看，目前已有的销售绩效工具、机制及理论，已经明显滞后于各行各业的快速发展，不仅在互联网企业中，多数高速发展的企业也都处于"飞行中换引擎"的状态，一边快速发展，一边不断优化组织及各项经营模块，无论是对人力资源能力，还是对组织学习能力，都提出了巨大挑战。

总的来说，新型的绩效考核机制需要既能应对市场变化灵活调整，又能快速全面地反映企业发展情况，并整体引导各部门向企业经营终极目标前进。

在新的方案推进的时候，我们往往感受到"50∶50"原则。机制是否可以在组织内发挥作用、方案是否合理占 50%，其余 50% 在于推进的过程。在试点、推进、培育时，需要通过实地调研及时收集销售人员和消费者的反馈，不断校准和优化机制，以推进方案最终落地。

他山之石，可以攻玉。产业经济学中的 SCP（Structure-Conduct-Performance，结构-行为-绩效）分析范式为绩效机制进化带来了新的方向。市场结构决定企业在市场中的行为，而企业行为又决定市场运行在各个方面的经济绩效。市场结构影响企业的战略，SCP 分析范式结合 KSF 可以衍生出新的绩效体系——基于产业结构和快速的市场环境变化而灵活变化的全新绩效激励体系（这个绩效体系是"活"的）。同时，该绩效体系可以将企业利益与员工薪酬紧密绑定，从而弥补现有绩效体系中 KPI 和 OKR 较为关注内部、而对外部关注程度不足的问题。新绩效体系将销售绩效考核置于更全面完整的产业、行业市场环境中考虑，从而更适应真实环境。

下面介绍一种结合了外部环境和内部环境的销售绩效考核方案，我们先把它称为"**SCI 矩阵**"（SCI 即 Salary、Commission、Incentive）。SCI 矩阵具有高度抽象和简化的性质，可复制性高，适用于绝大多数以服务和商品为主的企业。期待 SCI 矩阵可以在更广泛的场景下发挥作用，促使企业基业长青。

在零售市场中，基本要素是人（商户）、货（商品）、场（交易场，多指渠道，可以衍生为效率场景等）。

在计算佣金时，通常使用如下方法。

$$销售额 \times 佣金提点 = 佣金$$

销售额是大多数零售类企业的北极星指标，销售额拆解为下单商户与平均客单价，其中客单价受到购买品的种类、数量、价格的影响。基于销售额计算佣金提点虽然简单直接，却有明显的局限性和不足。

一方面，会促使销售行为更聚焦在短期，难以持续增长；另一方面，由于北极星指标是最终结果指标，需要进行 OKR 拆解，才能推进企业上下的行为与愿景保持一致。

在现有通用的 KPI 考核体系下，虽然可以推进业绩增长，却难以适应公司高速增长的需要及应对市场的快速变化，需要建立更为灵活、简化的指标体系。首先，需通过指标的自由组合和权重调整，以 KSF 的关键因素设定和绩效评估方法管理销售日常过程。然后，在不同的部门、业务场景中设置不同的目标，并进行 OKR 任务拆解，制定个性化的任务里程碑推动员工自主创新，以自驱替代外部刺激推进业绩增长。同时，应用 SCP 分析范式，结合市场环境，引入市占率、数值分销率、加权分销率等市场指标作为销售激励的关键指标。在此基础上，加入价值系数的方法用于根据市场情况灵活调节销售佣金和激励结果，以校准销售的阶段性动作。

SCI 矩阵在制定佣金、绩效指标时会考虑：指标定义、指标属性、指标适用的范围是否明确？指标设置是否清晰？指标的准确性、稳定性怎么样？数据的可收集性、收集成本和难度是否可控？统计的层次性及指标间的关联性是否明确？

首先，该方案的应用方建议为销售人员。核心是快速校准销售团队的动作以推进业务持续健康地发展。

第一步，建立清晰的销售绩效考核矩阵。

销售收入的组成部分为"基础薪资 + 佣金制度 + 激励制度"，如下图所示。

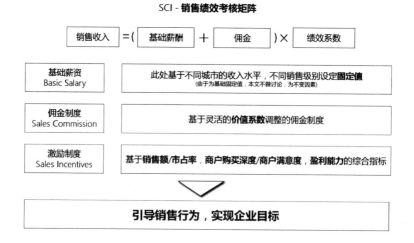

SCI - 销售绩效考核矩阵

销售收入 = (基础薪酬 + 佣金) × 绩效系数

基础薪资 Basic Salary	此处基于不同城市的收入水平，不同销售级别设定固定值（由于为基础固定值，本文不做讨论，为不变因素）
佣金制度 Sales Commission	基于灵活的价值系数调整的佣金制度
激励制度 Sales Incentives	基于销售额/市占率，商户购买深度/商户满意度，盈利能力的综合指标

引导销售行为，实现企业目标

- **基础薪资**：基于当地经济发展情况与销售等级设定固定值，为基础工资部分。销售行业由于其行业的特殊性，主要收入构成为佣金与激励。

- **佣金制度**：较为稳定，在某种意义上可以直接理解为提点方案——如何在销售获得的回款中进行提取并支付。大多数企业的佣金制度会按照年度回顾的频率进行优化迭代，也存在多年不进行佣金制度优化的企业；互联网企业多会根据市场情况灵活调整，优化调整周期大约为 3 个月。

- **激励制度（绩效系数）**：作用多为控制节奏和添加外围关键指标。

第二步，建立基于价值系数的佣金制度，如下图所示。

基于价值系数的佣金制度

不同的商品设定不同的价值系数，可以通过灵活的价值系数调整，快速促进销售动作。基于价值系数的设计，实现了灵活调度和佣金制度稳定性的统一。

第三步，建立基于市占率与盈利能力的激励制度，如下图所示。

趋向更为长期的激励制度
（基于市占率与盈利能力）

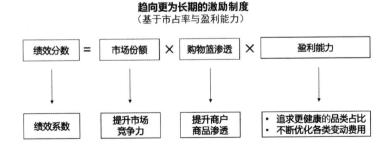

绩效系数受到市占率、商品渗透率和盈利能力的影响。在获得基础薪资和佣金后，最终收益会受到绩效系数的影响。

第四步，基于 SCI 矩阵的销售激励。

综合以上内容，最终形成如下图所示的结构。在该结构中，销售收入受到所在城市、销售级别、短期销售结果、中长期的品类结构及盈利能力的影响。

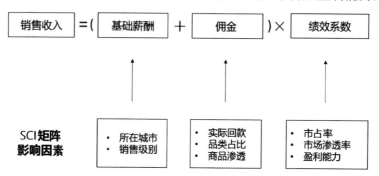

在 SCI 矩阵中，考虑了长期的品类结构和盈利能力，也考虑了市场情况（市占率、市场渗透率），同时考虑了北极星指标（实际回款）。在销售日常作业的把控中，还会存在过程指标，比如生鲜占比、拜访效率等，如果不把过程指标加入矩阵，过程管理可能会失去控制。

通过评估现有的过程指标，可以发现过程指标的作用在经过动作传导之后，均导向一个指标——客户满意度。基于这一结果，可以对现有机制进行局部优化。加入客户满意度，引入商户评价机制，只有当获得了商户的好评时，才可以得到该单的完整佣金。反之，将在获得差评的订单内根据评分进行折损。客户满意度作为销售 BD 服务特性的体现，可以激发销售人员自主驱动动作的产生，不断提升客户满意度，以此来推动过程管理从各方面引起客户满意度的提升。

基于以上分析进行修正，最终 SCI 矩阵如下图所示。

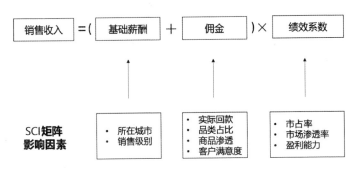

回到"50∶50原则",任何新的绩效指标落地,都需要一系列配合才可以发挥绩效机制的真实作用。

在新的机制产生后,机制对应的执行落地方案往往会被参与方忽略,机制设定者如果不站在接受方的角度思考,很可能引致机制无法被参与方透彻理解,最终导致机制在执行落地时失败。为了避免该情况的出现,本节把落地方案的执行方法也作为独立的内容进行说明,以推动试用SCI矩阵的组织有效落地。

组织学习理论证明,设定目标、机制、策略并在过程中进行监测有助于组织整体升级为更为智慧的组织。其体系逻辑为,在社会化的环境中进行策略、灵感的产生;通过不断地沟通、交互,深化对目标、机制、策略的理解,经过交流沟通的人群,逐渐受到该策略、灵感的影响,在组织中的占比逐步提升,从而组织逐渐融合了新的方法、机制;受到融合影响的单体在实践中应用新的方法机制,策略在更大范围内产生影响,从而使一个策略从个人理解消化转化为组织理解消化;组织整体"学会"了该策略,并最终完成了进化。

为了推动新机制在实际的业务场景中落地,需确保参与方充分理解机制背后的目的与机制运作的本质业务逻辑,并通过SCI矩阵将日常工作和企业的远期愿景关联起来,从而通过以下四步完成测试组织相关人员的落地培育。

（1）机制同步。

（2）过程中不断解读、交互。

（3）少量人理解并应用。

（4）组织理解并应用。

针对这四步如何落地，引用 Nonaka 和 Konno 于 1998 年提出的 SECI 模型，如下图所示。先在社会化的创发场里提出机制，然后不断对话互动形成初步的认知，随后机制被少量人理解并开始应用，最终内化成组织的机制并开始广泛应用。

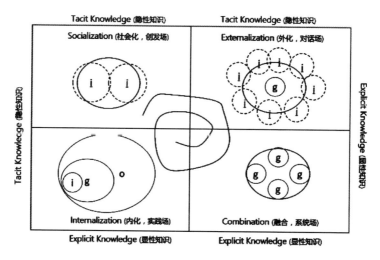

企业的数据中心将在机制的落地中承担重要的职责。

由于销售绩效指标基于量化测算，复杂性较高，且需要高超的抽象化解读能力，因此在实际的落地过程中，就需要既能深入解读业务，又具备强大量化能力的运营人员介入。在目前的企业组织中，数据中心可以作为这一角色进行落地协同。

在执行落地中，数据中心承担机制沟通和监测的职责，而这样设计的主要原因是，如果仅仅培育新机制，宣导新指标，而不获得各级指标达成者对该指标的充分理解和认可，则在执行的过程中，机制往往会变成一个未被充分理解的公式，无法产生真实的商业价值。通过组织学习理论，推动销售人员充分理解激励的机制、业务逻辑，才是提升销售人员绩效的第一步。在实际的工作场景下，理解与认可机制的重要性被忽略的可能性较大，而正是由于理解的不足，使得机制未发挥出其价值，最终可能导致机制落地的失败。因此，这一重要职责需要既有业务经验又有数据经验的人员来承担，建立沟通交互的机制，不仅促使各级、各方充分理解沟通，还需提供达成高绩效的方法策略。在复杂的市场环境下，通过数据中心完成数据运营，数据中心作为企业的信息中枢，不仅可以及时进行系数校准，还可以保障信息的有效、安全流转，又能避免信息壁垒引致的运营效率降低。

在新机制落地过程中，不要仅简单地给销售人员同步新的机制、解读机制逻辑、监测数据，还需要完成机制应用模型发布、辅导、考核、反馈四个环节，才能形成测试闭环。

（1）发布环节：正式发布机制与背景、应用方法的介绍文件。

（2）辅导环节：一对一进行机制的解读与答疑，并通过虚拟案例推动相关人员充分理解。

（3）考核环节：基于该模型，考核两周业绩，每日跟进结果，探索是否需要进行微调。

（4）反馈环节：评估新的考核模型下的业务增长情况，并通过定性和定量的研究方式获得销售人员、主管对该机制的反馈。

在推行新机制时，可能遇到的问题有：销售人员的反馈不积极；新机制量化思路较强，理解上会有一定的复杂性，销售人员可能会更倾向于选择简单直接的方案；在前期，新机制的培训、宣导、解读的成本较高。这个时候，新机制的制定者一定要有足够的耐心，逐一进行解读，并打造应用的典型案例。在解读和试行一段时间后，当销售人员对新机制逐渐由不积极变为开始接受时，就需要了解在新机制的适应过程中，销售团队是否逐步培养出了经营思维——"不仅考虑销售额，还考虑盈利能力和品类结构，开始以经营者的角度思考销售动作如何开展，以及每一天的工作都如何进行"。销售人员是否在精力分配上也更倾向于核心品类的推广，更主动地学习专业的产品知识，以及提升盈利能力的方法。

反映到商户的角度，在新机制下，商户是否得到了更满意与专业的服务？在新机制的引导下，销售人员是否获得了更好的收入，形成了良好的正向循环，更好地服务客户？

虽然以上变化不一定直接或者全部由新机制带来，但是，新机制的底层逻辑是以经营思维做销售，正是基于这一底层逻辑，机制变"活"了。

通过新机制的推广，使得经营理念扎根于每一个销售人员心中。销售人员根据在不同地区、不同时间遇到的实际情况形成自己的策略，在激发创新能力和动力的同时，提升了公司的销售额和盈利能力。

在新规则下，引导销售人员从仅重视业绩转为提升对市场、客户满意度的重视程度。激发销售人员的服务特性，不断提升客户满意度。

需要注意的是，该方案虽然融合了内外部的情况，整合了企业的关键经营指标，包括满意度、盈利能力等，但本质是以客户为中心设定考核机制。同时，融合短期和长期目标，把"不仅做到短期增长，也需达到健康的品类结构和盈利能力，才可以获得高水平的销售收入"深深植入组织中，是综合、简化的机制。在企业内部，也建立以业务为核心的绩效机制，驱动其他相关部门，比如商品体系、物流供应链，进行提升，树立销售人员的主人翁精神，激发销售人员的服务特性与自主创新的能力，从而提升效率。

SCI 矩阵只是众多可驱动销售效率的机制之一，在不同的场景下，需有不同的适应性机制出现，在任何情况下都不可生搬硬套。下面再介绍一个销售激励方案，读者可以根据不同的需要来使用，也可以从两个不同的设计思路中学习建立自己企业专属的机制。

首先介绍一下盈利模型机制。SCI 矩阵虽然整合了利润指标，但仍是从收入角度出发的机制。当企业规模较大、需要聚焦盈利能力提升的时候，往往需要从利润角度出发的机制。我们给这个机制起一个生动的名字——宫格机制。

宫格机制的核心是分层机制，当企业面临盈利和增长双重压力，又需要以盈利为核心的时候，我们可以对销售人员的激励进行分层管理，如下图所示。

宫格机制

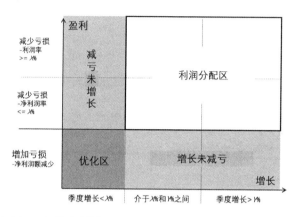

宫格机制的底层以盈利和增长为双驱动方向。

- 纵向的盈利维度上拆分出"增加亏损"和"减少亏损"。

- 横向的增长维度可以按照季度增长率分布。

只有同时符合增长和减少亏损的销售人员才可以获得利润分配，从本质上解决"吃大锅饭"的问题，以价值为唯一的绩效导向，再通过预测或测算保证各方都可得到合理收入。

在宫格机制中，既未做到增长也未做到减少亏损的销售人员，将被放入优化区；而做到了增长却未减少亏损的销售人员，可以获得"基础薪资+增长保底"的收入；减少亏损却未增长的销售人员，只能获得基础薪资。只有在盈利的基础上做增长的销售人员才可以进入利润分配区，与组织共享利润。

基于宫格机制的管理，销售人员可以具备更强的灵活自主性，在导向增长的同时，盈利并没有"放飞自我"。这一机制促使销售人员必须在现有情况下作出"额外"贡献，才可以获得基础薪资以外的其他收入。这真正实现了价值导向，避免了"大锅饭"的存在，有效提升了销售效率。

宫格机制主要考核结果指标，从而对复杂的过程指标管理进行了弱化，更加适用于地域覆盖广、业务链路较复杂的企业。总体来说，在业务多元化及多维指标的企业里，宫格机制的适应性会更强。

无论是 SCI 矩阵还是宫格机制，说到底，只有适合自己的才是最好的，套用都不灵；粗暴地套用某机制换来增长的概率极低，如果真的有增长，则可能主要还是运气好。核心还是需要找到可以协助组织完成内化机制的角色，进行专属机制的设计，这就需要一个对组织内部非常熟悉的数据运营人员进行构建和把控。

希望本节可以帮助计划用数据运营推动效率提升的组织，都能降低成本，提升收入。

2.4　如何通过数据评估组织效能

本节思维导图

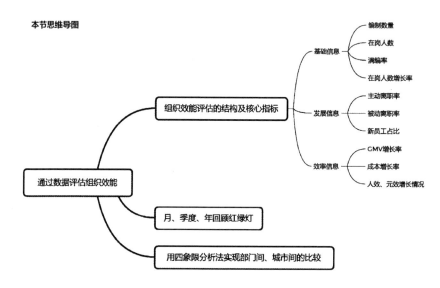

对于企业主来讲，评估组织效能是非常重要的事情，也是十分令人头疼的事情。特别是覆盖全国多个城市、员工众多的企业，如何客观地评估不同城市人员的组织效能呢？

在实际场景中，规模较小的企业可以通过企业主的主观意识去评估，规模超过 30 人的企业就需要建立一些组织效能评估的方法，以快速诊断出效率提升的潜力点。

在人力评估方面，有很多方式方法，这里提供一个实用的评估方法，用 2 ~ 3 页纸就可以快速地评估组织效能，而且还能具备连续性、周期性。基于不同的周期，如使用周、月、年去评估组织效能，由于其输出的信息稳定且连贯，当企业进行年度回顾时，也很容易一眼就看出问题的源头所在，可以快速聚焦问题。当进行周、月评估时，也可以很容易判断哪些人或者哪些部门的效率可以提升，而哪些人的效率已经很高了。

不仅如此，在评估完效率后，还可以快速得出资源该投向的城市，以及哪些城市该减少资源投放，以追求投资回报最大化。

在引出评估方法之前，我们先建立组织效能评估的架构。一般分为三部分：基础信息、发展信息、效率信息，如下图所示。

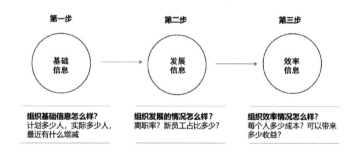

在设定好架构后，根据每个部分需要跟进监测的信息，架构各部分的主要指标，如下图所示（如何架构指标，请参见"做好指标统一的基础"一节中"指标设定"部分）。

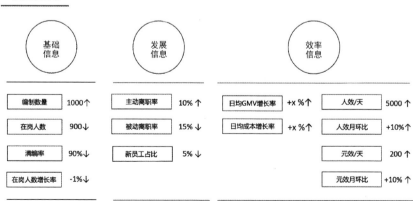

通过完善各个部分的指标，可以完成组织效能评估的仪表盘。每个月都可以通过监测该仪表盘快速了解组织效能的核心信息，通过横向比较各城市、各部门的人效和元效，也可以及时调整优化资源投放。

- 人效 = 销售额 / 人数。

- 元效 = 销售额 / 人工成本。

在年度评估表中，可以通过简单的可视化，用不同深浅标出每个月的关键指标完成情况，这样就能快速了解全年的情况，并聚焦问题出现的时点和环节。

下面通过一个例子进行更直观的解读。

由下图可以看出，新员工占比自 2 月份开始逐步提升，由于新员工的增多，导致了元效月环比的下降，再导致了人效月环比的下降。自 6 月份开始，主动离职率也有所上升。在这一现状下，人力组织部门需要尽快启动以下工作。

- 提升新员工的产出效率。

- 确保优秀人才在企业内部可以得到好的发展，降低主动离职率。

年度回顾

		上半年						下半年					
		1月	2月	3月	4月	5月	6月	7月	8月	9月	10月	11月	12月
基础	满编率	○	○	●	○	○	○						
	在岗人数增长率	○	○	○	○	○	○						
发展	主动离职率	○	○	○	○	○	●						
	新员工占比	○	●	●	●	●	●						
效率	人效月环比	○	○	●	○	●	●						
	元效月环比	○	○	●	○	●	●						

在获得了基于核心指标的三张图后，我们对整体组织效能的发展情况基本有了清晰的了解。

那么，如何进行部门间或者城市间的比较呢？这个时候我们需要引入波士顿矩阵图（四象限图）做一个分类，以了解全局中不同城市在组织效能方面的"江湖地位"。

为了分成四象限，需要引入两个维度。常规情况下我们使用以下指标。

- 北极星指标增长情况：销售额增长率。

- 效率指标增长情况：人效增长率，元效增长率。

在实际的业务场景中，一般会制作两个矩阵，分别使用以下指标。

- GMV 增长率和人效增长率。

- GMV 增长率和元效增长率。

使用维度+增长率的方式，等同于加了一个时间维度，来看核心指标在时间周期内的增长情况。

基于横纵轴，我们可以获得覆盖城市的坐标位置。需要注意的是，一般不会使用 0 值交界的坐标轴作为分界线，而会使用全国平均值，即全国平均人效增长率和 GMV 增长率。

通过全国平均值，将城市分成明星稳定区、增长投入区、人效提升区、评估效率区四个象限。

在下图中，北京属于明星稳定区，廊坊属于人效提升区。

- 针对明星稳定区的北京，可以根据市场潜力来判断是否要加大投入。同时，可以基于人效预测来测算可以投入多少资源。

- 针对人效提升区的廊坊，可以看到其销售额增长缓慢，人效也出现负增长，需要评估市场容量，如非战略意义部署，需考虑及时止损或者寻找提升人效的方法。

各城市在组织效能方面的江湖地位

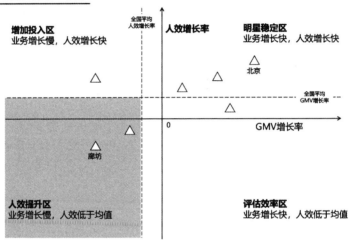

归纳总结一下，在实际业务环境中，构建不同业务线的组织效能评估方法，核心要解决以下两个问题。

- 组织的北极星指标是什么（唯一关键指标）。

- 确定使用分类法的维度，以获得各个城市、团队的坐标位置（以决定资源投入）。

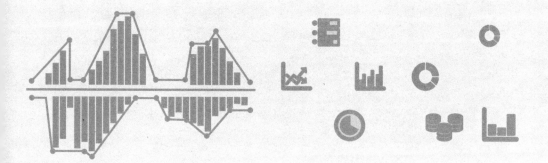

③

商品篇

笔者一直认为商品分析是零售分析中最有趣的部分，这一点也来自笔者对于商品分析的偏心，数以亿计的商品琳琅满目，每个品牌、每个单品，都有自己的气质和特性。就像一个取之不尽的知识库，总有新的内容等待着分析师去探索和发现。面对如此复杂、丰富的信息，我们需要一些分析方法，来提升"知识的吸收速度"，也需要应用这些方法，来助力企业通过提升商品力科学地进行品类管理，以及有效地选出爆品，最终促进销售额及盈利能力的提升。

3.1 如何通过数据驱动商品力提升

本节思维导图

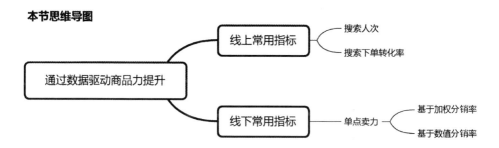

商品力可以理解为商品吸引消费者购买的能力。一个平台有很多商品，这些商品到底怎么样呢？这里有一个简单实用的指标——"搜索下单转化率"，即消费者在平台上搜索关键词后最终下单的比例。通过搜索下单转化率可以判断搜索词的下单转化率的高低，从而得到以下两个重要的信息。

- 目前什么商品是被热搜的。

- 被热搜的商品中哪些是下单转化率低的。

基于这两个信息，就可以快速行动起来。

- 哪些被热搜的商品是我们目前没有的。

- 被热搜的商品下单转化率低的原因是什么。

通过跟进这一简单指标，可以快速抓住提升商品力的"七寸点"，聚焦商品力的提升。如下图所示，通过示例可以更直观地展示如何使用"搜索下单转化率"指标发现问题。

快速提升商品力

当日搜索人次排行榜	搜索下单转化率
洗衣粉	4%
洗手液	0%
婴儿奶粉	20%

- 洗衣粉在当日搜索人次排行榜中排名第一，搜索下单转化率只有 4%，是不是消费者想买的商品我们没有？

- 洗手液在当日搜索人次排行榜中排名第二，搜索下单转化率只有 0%，这个品类目前是不是没有、要及时上线？

- 婴儿奶粉在当日搜索人次排行榜中排名第三，搜索下单转化率达 20%，消费者是如何选品的？

在进行商品力的提升上，需要关注商品的宽度和深度。简单来讲就是，"宽度看有无，深度看多少"。商品的宽度够不够可以理解为消费者需要的商品有没有。比如，消费者搜索消毒剂，却发现平台上一款消毒剂都没有，这时候就需要拓展商品的宽度。商品的深度指同一类型的商品的数量和类型的多少。比如，消费者搜索洗手液，发现只有一款洗手液，核心功能是滋润，当消费者希望购买一款功能为消毒的洗手液时，就无法产生"转化"。

在提升搜索下单转化率时，需要首先满足消费者对宽度的需求，先用 1~2 款商品占领空白的商品领域。比如，发现消费者经常搜索消毒剂，需要快速上线 1~2 款消毒剂商品，然后逐步评估及优化商品的搜索下单转化率，留下搜索下单转化率最高的商品。商品的深度够不够主要指能否满足消费者在同类商品中进行选择。当优化商品数量或者聚焦商品资源投放时，先聚焦深度，再考虑宽度，是比较便捷的方法。这里提供一个口诀：需求商品无空档，重复商品选最优。

对应的线下提升商品力的指标为单点卖力：

单点卖力 = 商品销售额 ÷ 加权分销率（数值分销率）

加权分销率 = 该商品所属品类覆盖门店的销售额 ÷

该商品所属品类所有样本店销售额

数值分销率 = 该商品所属品类覆盖门店数量 ÷

该商品所属品类所有样本店数量

加权分销率和数值分销率均为反映铺货率的指标，其中，加权分销率反映了铺货深度，数值分销率反映了铺货广度。一般笔者建议计算单点卖力时使用加权分销率，以了解商品是否覆盖了该品类销售额大的门店；在实际的应用场景中，也有使用数值分销率来计算单点卖力的情况。

通过监测单点卖力，我们可以了解每增加或者减少一个销售点（加权分销率或者数值分销率）可以带来的销售额增加或减少。线下提升单点卖力的方式主要有优化陈列、促销、开展宣传，以及改善或者升级商品等。

通过监测不同地域、不同时间的单点卖力，进行横向和纵向比较，寻找机会点，是线下提升商品力较常使用的方法。

3.2　如何通过数据做品类管理

本节思维导图

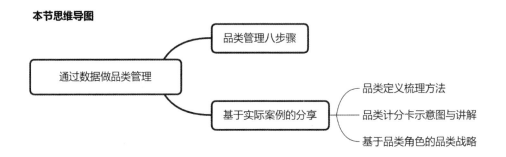

对于笔者来说，品类管理是一项十分有趣的工作。品类管理的日常工作致力于通过有限资源的合理配置，促使整体利益最大化。

品类管理可以精炼为八个步骤（按照业内通常的分类），分别如下。

（1）品类定义：定义组成品类及细分品类的功能与属性。

（2）品类角色：基于跨品类的综合分析设定不同品类的角色。需要注意，是基于谁的视角进行品类角色划分的，是基于消费者视角？零售商视角？还是制造商视角？

（3）品类评估：对品类、子品类、细化分段、品牌、单品的"业绩"进行全面的数据分析。通过多种手段来评估品类当前的经营情况，常规内容包括市场份额对比评估、商品结构评估、价格与促销评估、空间效率评估、竞争状况评估和消费者评估。

（4）品类计分卡：制定定性与定量的品类目标与阶段发展规划，并设置量化考核标准。

（5）品类策略：基于品类角色制定品类的市场策略、商品策略、门店服务策略。常规内容包括：引流品吸引人气、创造销量；盈利品创造利润；形象品树立形象（比如高品质形象、低价形象等）。

（6）品类战略：确定最佳的商品组合、价格、陈列及促销方案。在线下优化商品陈列管理，促进关联商品销售；在线上优化商品推荐清单，提升下单转化率等。例如，零食和软饮在线下陈列的位置大都是相邻的，在线上推荐时也可以基于同一消费场景进行关联商品推荐。

（7）实施运营：为实现既定策略与战略目标，设计完整的、可执行的、可持续的计划与实施方案，并持续运营以获得良好结果。

（8）品类回顾：定期监控、评估品类管理方案带来的业务成果，基于分析结果调整方案。

整体来说，品类管理的基石是品类定义，在制定清晰的品类定义后，需要明确品类角色，制作品类评估发展情况的方法，并基于品类角色部署品类发展策略和战略。

下面针对品类定义、品类计分卡和基于品类角色的品类战略三个环节再进行详细说明。

首先，关于品类定义。

品类定义分为两步：一是品类划分的界定，二是在品类界定内根据目标客户群或使用场景划分细分品类。细分品类之间相对独立、彼此没有重合部分，可根据消费者决策树的每个层级、维度的重要性逐级进行分解。

为了清晰地管理商品，需要清楚地界定什么类型的商品属于该品类。以奶粉为例，是由新鲜牛奶经脱水提炼及杀菌处理制成粉末，供普通成人或者特殊人群（如青少年、中老年人等）饮用的产品。同时，需要清晰界定不包含的产品，以减少混淆的可能性。比如上面定义的奶粉不包括婴儿奶粉、液体奶等。

然后，根据品类的特有属性进行细分，从而实现针对细分品类的分析。仍以奶粉为例展开介绍。

- 按照目标人群：分为针对青少年、中老年人、孕妇等的奶粉。

- 按照脂肪含量：分为全脂、低脂、脱脂等奶粉。

- 按照味道：分为巧克力、芒果、草莓等口味的奶粉。一般会按照市场上常见的口味进行划分，不常见口味的可以归入其他口味。

- 按照包装：分为听装、袋装、盒装、塑料瓶装等。

还可能加入其他分类，如按钙含量，分为高钙和非高钙等。

品类的特有属性是如何确定的呢？比如，奶粉为什么要按照目标人群来分？

品类的特有属性来源于针对品类的消费者决策树研究（消费者决策树也会应用在线下的货架陈列上）。对于一个消费者，在购买奶粉的时候，考虑的第一因素是什么、第二因素是什么，这些信息都可以通过对消费者的调研得出。大部分消费者在网上浏览或者到店浏览商品时，都是有明显的购买诉求的。比如，是想买给正在上初中的孩子，还是买给已经步入老年的父母。之后，会考虑品牌、规格、口味、成分（是否属于高钙奶粉），还会看有效期，考虑产品是否新鲜。每一位消费者都有自己的决策树，为什么叫作决策树呢？因为消费者在进行决策的时候，思维会按照树状结构展开，为了生动地展示这一过程，才起了这一名称。

接着，在获得了品类的属性并完成品类定义后，就可以设置品类计分卡了。

零售商同时运营着很多品类的商品，当评估某一品类表现的好坏时，会使用监测数据来进行。

品类计分卡如下图所示。

品类计分卡

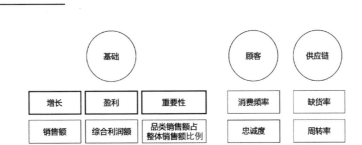

由上图可知，我们从基础、顾客、供应链三个维度去评估品类表现的好坏。由于是计分卡，可以给每一项都设定权重分，以获得整体的得分，如下图所示。

品类得分

在品类计分卡中的子项目中，比如顾客满意度，可以不设置分值，而设置门槛值。当满意度低于一定数值时，对应的分值清零，以加大品类负责人对顾客满意度的重视。

通过品类计分卡，按照每周、月、年来监测品类得分，用以评价品类发展的好坏，同时用于品类负责人的绩效考核。以数据运营的方式推动品类负责人关注品类发展的关键要素。

最后，关于基于品类角色的品类战略。

在线上或者线下卖场，我们总是可以看到琳琅满目的商品，这些商品就如同人一样，有自己的角色和定位。从消费者的角度看，有些商品用于清洁，有些商品用于日常食用，有些商品用于一天辛劳之后犒劳自己。不同的商品，消费者对其价格的敏感度也不一样。对于日常食用的蔬菜瓜果，消费者可能对价格非常敏感；对于犒劳自己的商品，消费者则往往对价格不敏感。

从公司运营的角度看，商品也需要分成不同的角色，以承担不同的职责。通常包含以下类型。

- 优势品类：想到该商品，就想到该门店或者平台，比如，买连衣裙会上淘宝，买家电会上京东。

- 常规品类：消费者在生活中常用的商品，如米面粮油、日化清洁、生鲜瓜果。

- 季节性品类：会季节性出现的商品，比如月饼。

- 形象/成长性品类：产品更新快，满足消费者的新鲜感。比如女装、美妆等商品。

- 便利性品类：在一站式购物场景中，组合商品链条的品类，比如牙线、衣架之类的。

简单来说，优势品类贡献品牌心智份额，常规品类贡献销售额，季节性品类少量贡献流量、整体贡献利润，形象/成长性品类和便利性品类贡献利润。

品类归属也不是一成不变的，每年或者每个季度都需要重新评估，一般从销售额、销售额增长、毛利率、品类及品类认知度和产品更新速度五个维度进行评分来确定品类归属。

在确定品类角色的归属后，就可以依据品类角色制定商品结构、价格、促销、渠道、线上坑位和线下空间的规划。

对于空间规划，可以根据销售额占比、空间占比（比如货架占比）和毛利占比，结合公司发展战略来进行资源的分配。

根据价格敏感度的不同，确定商品的价格策略。

- 针对价格敏感的商品，按照竞争导向定价。

- 针对价格不敏感的商品，按照成本定价法定价或者按照消费者导向定价。

归纳一下，品类管理需要完成基于以上内容的研究和分析工作，并持续根据以下三个抓手不断寻找品类的机会点，促进销售额和盈利能力的提升。

- 根据品类归属评分确定品类角色。

- 根据品类计分卡评估品类发展情况。

- 基于消费者决策树研究确定和完善品类定义。

在实际工作中，品类管理会涉及更为复杂的内容，本节仅从常用内容入手，便于大家快速上手，要想深入理解还需不断实践，日积月累。

3.3 你想要的爆品模型

本节思维导图

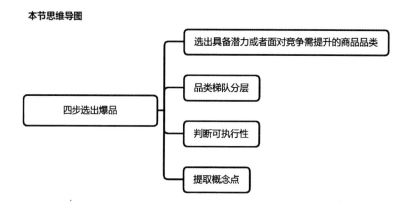

这里剔除创造新商品的场景，在做活动的时候，我们要解决的第一个问题，就是如何选择活动商品。尤其对于管理众多品类的电商平台来说，如何从数以百万计的商品中选出适合做活动的商品呢？在实际的场景下，经常是三天一"摸高"、每周一大促、月度品类促、年度嘉年华。在这么多活动需求下，使用人来选品，效率和质量都难以保证。

那么是否有实用有效的方法来选出活动商品呢？这里介绍一个选品模型。该模型曾经多次应用于单日千万级流量的大促活动，验证有效，希望对大家有所帮助。

第一步，选出具备潜力或者面对竞争需提升的商品品类，如下图所示。

Step1 - 选出潜力/竞争的品类

底层逻辑

以推动**购买人次和人均价值提升**，**来推动**品类发展

筛选原则说明如下。

- 对于品类很多的电商平台，建议先筛选出标品行业（比如，3C 数码、车品配件、美容护理、母婴、食品/保健、运动户外、医药健康、家居用品、服饰鞋包等）下的一级子品类（行业下的品类），进入筛选矩阵，假设有 2000 个子品类。

- 筛选出重要的一级子品类，如选择销售额份额占比为 80%的一级子品类（这里是通过销售额份额来定义"重要"的，可以根据活动目的的不同，重新选择用于定义"重要"的指标），经过这一级筛选，可能就剩下大约 400 个子品类。

- 剔除子品类中的离群值。比如购买人数在两个周期内大范围超越平均增长率的子品类；或品类平均增长率是 8%，而其中一个周期内的增长率为 600 000%的品类。此类波动往往属于异常情况，需要将其从模型数据中剔除，避免影响模型筛选的准确性。

- 剔除"其他"项。在数据库中，往往会把无法归类的数据归入"其他"项。由于分类的复杂性，"其他"项在大多数平台中的占比都不低，除了会影响模型结果，当不查看明细动作时，也无法对"其他"项进行洞察。可以针对以分类或者补缺为主要目的的"其他"项的商品进行研究，但在主模型中建议剔除。

- 拆分梯队。在完成以上筛选后，我们归纳得到了筛选出的 400 个重要子品类，按照销售额份额分为头部（销售额占比 50%，品类数量 50 个）、腰部（销售额占比 30%，品类数量 100 个）、尾部（销售额占比 20%，品类数量 250 个）三个梯队，在不同规模的大促中，挑选对应梯队的子品类。拆分梯队是为了使应用模型筛选更加精准。这里有一个小技巧分享给大家，当样本较多、混在一起，应用模型无法得到很好的结果时，建议先把样本按照一个属性值拆分为 2 ~ 3 个分类，再应用模型，结果会变得更好。

下面我们将在头部品类、腰部品类和尾部品类中分别应用模型，选出爆品品类。

这一阶段由于是用来筛选爆品品类的，我们给这个阶段起名为：品类筛选矩阵。

我们先确定品类筛选矩阵的主指标，并获得均线（整体平均值）。

爆品源自购买人数多、购买金额多的商品。对于平台来讲，如果爆品的人均价值高，则购买人数在上升中（反映了消费者对该类商品的认知度在上升，或者对该类商品的整体认知有提升）。基于以上原则，我们选择销售额、购买人数、人均价值三个指标作为品类筛选矩阵的主指标。

为什么选择这三个指标？

爆品是通过刺激冲动性购买引发爆点的。选择购买人数作为筛选指标，用以筛选出具备购买规模、可冲动性购买的品类；人均价值用于筛选出人均价值较高的品类，以提升北极星指标（GMV）。销售额用于辅助判断商品对平台的贡献度，也就是本次活动整体的规模大小。

下面用更直观的模拟数据来解释说明；平台整体数据如下表所示。

平台整体	2018 年	2019 年	增长率
购买金额/元	100	300	200%
购买人数/人	10	15	50%
人均价值/元	10	20	100%

在计算出整体的购买金额、购买人数、人均价值的增长平均值后，就可以得到品类筛选矩阵的筛选线。

品类筛选矩阵的说明如下。

- 气泡大小为 2019 年销售额（指标一）。

- X 轴为购买人数增长率（指标二），Y 轴为人均价值增长率（指标三）。

- 均线为平台整体数据：购买金额增长 200%，购买人数增长 50%，人均价值增长 100%。

- 将子品类划分：第一象限是明星潜力品类区，第二象限是价值机会品类区，第三象限是行业竞争品类区，第四象限是成熟稳健品类区。

我们将品类筛选矩阵分别应用于头部品类的筛选，可以得到下图（示例图）。

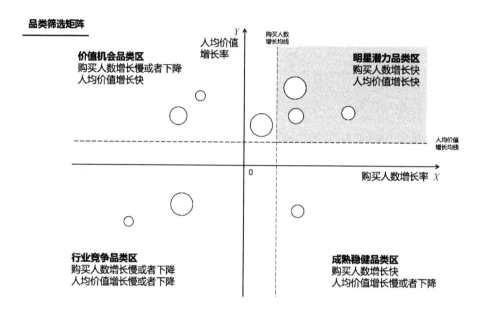

我们把同样的分类法应用于腰部品类和尾部品类，就能把重点品类筛选出来并完成分层了。

第二步，品类梯队分层，如下图所示。

通过以上不同色块，把重点品类分梯队进行分层，以下为笔者建议的选择品类的原则。

- 根据活动的策略和目的选择品类，再进入可执行评估环节。比如，从长期来看，吸引行业、竞争对手用户，可以选择价值机会品类、行业竞争品类；从短期来看，击穿潜力品类，追求 GMV，带来品类升级，可以优先选择明星潜力品类。

- 建议优先选择头部、腰部品类。

- 建议优先选择标品品类，以推动品类升级，协同品牌一起促使用户使用平台，提高消费者在优质品类商品下的心智占比。

按照色块进行区分后，可以得到如下图所示的分层品类图。获得该分层之后，需要先跟业务人员、运营人员进行沟通，了解活动的背景和策略等，共同确认进入"可执行评估"等待区的品类，以开展下一步工作。

头部梯队 XX个品类

品类	购买人数	人均价值	销售额份额*	累计销售额份额**
品类A				
品类B				
品类C				
品类D				
品类E				
品类F				
……				

*销售额份额=品类销售额÷全品类销售额

**累计销售额份额=按照销售额份额从大到小排序后进行累加的份额，该列主要用来了解头部、腰部、尾部梯队中的品类在整体品类中的排序情况，以了解不同梯队的累计销售额份额

第三步，判断可执行性，在获得可执行评估的品类（一般十几个左右）后，进入这一步，如下图所示。

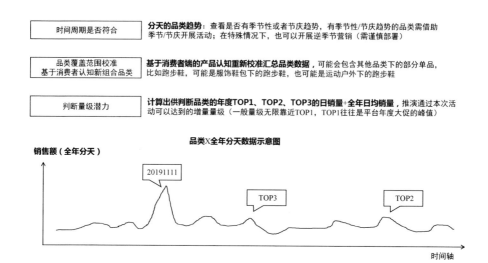

时间周期是否符合	**分天的品类趋势**：查看是否有季节性或者节庆趋势，有季节性/节庆趋势的品类需借助季节/节庆开展活动；在特殊情况下，也可以开展逆季节营销（需谨慎部署）
品类覆盖范围校准 基于消费者认新组合品类	**基于消费者端的产品认知重新校准汇总品类数据**，可能会包含其他品类下的部分单品，比如跑步鞋，可能是服饰鞋包下的跑步鞋，也可能是运动户外下的跑步鞋
判断量级潜力	**计算出供判断品类的年度TOP1、TOP2、TOP3的日销量+全年日均销量**，推演通过本次活动可以达到的增量量级（一般量级无限靠近TOP1，TOP1往往是平台年度大促的峰值）

品类X全年分天数据示意图

销售额（全年分天）

20191111

TOP3

TOP2

时间轴

这里需要注意两个问题。

（1）为什么在第三阶段才做"基于消费者认知新组合品类"动作，而不是在早期就做该动作？

原因有两个。

- 不同品类聚合方式的匹配关联。

- 减少需评估的品类数量，节省资源，确保聚焦。

下面详细说明一下原因。

在大多数企业内部的数据库里，商品的聚合方式有多种，常见的方式有：按照商品属性进行聚合，或者按照消费者认知进行聚合。比如按照商品属性来讲，饼干、蛋糕和坚果属于不同的商品；但对于消费者来说，饼干、蛋糕和坚果都属于休闲食品，都属于无聊的时候食用的商品。再举一个例子，动漫背包、钱包和箱包基于商品属性都属于包类，不过对于消费者来说，动漫背包属于户外运动或者动漫周边收藏。在进行规模判断的时候，往往会选择基于消费者认知进行聚合的品类。同时，为了跟数据库里的商品属性做关联，往往会在后期选出主品类之后（筛选掉不进入评估的众多品类，减少重新聚合的品类数量，节省资源，确保聚焦），再基于主品类所应用的场景，反向重新聚合出消费者视角的新品类，用于活动品类商品的选择。

（2）还有什么落地要点？

对于电商平台来说，需要盘点品类内是否有多家具备影响力的商家一起参与活动。如果该品类内的商家众多且力量分散，均不具备较强的影响力，或者该品类内只有一到两个商家形成垄断，则爆品挖掘和引爆会更加依赖平台流量，或者成为单一制造商的爆品会。当选择爆品品类时，可避免选择以上两种品类。

对于制造商或者供应商来说，如果该品类内的商家众多且力量分散，则是开发和研究爆品的好的细分领域。典型的案例有三只松鼠以坚果品类切入赛道。

在判断完季节性及可执行性后（比如活动周期是否可以借季节性的势头，最典型的例子为中秋节售卖月饼点心类），需要评估品类规模是否足够大，品类内的品牌是否多元，是否类型多样（由于太分散的小品牌较难进行统筹活动，一般当进行大促时，会挑选头部品类参与，以提升商品关联购买量，从而提升流量的效率）等问题。在评估完品类规模和品类内品牌属性后，和运营人员、业务人员一起沟通品类内是否有适合参与活动的商家，比如品牌力强、配合度高的商家等。最终确认可以进行爆品挖掘的品类。

在这一阶段，我们从众多品类中聚焦出了可供挖掘爆品的合适品类，并根据季节性进行全年排期。在确认爆品所在的潜力品类后，我们就可以进入下一阶段，也是四个阶段中"最生动"的阶段。在这一阶段，可以发现很多有趣的、视角之外的事情。

第四步，提取概念点。

其原则说明如下。

- 从品牌、单品中提取新的概念点或者升级现有的概念点。

- 包含海内外的商品。

提取概念点的维度如下图所示。

Step4—提取概念点

热门品：哪些商品卖出最多量	**说明**：按照单品销售额进行排序，看TOP50～100的单品是哪些
高价值商户热门品：最爱购买哪些商品	**说明**：按照平台高价值商户（周期内购买金额较高的商户）购买单品销售额排序
商品趋势：什么情况（按照价格）	**说明**：按照单价由高到低进行排序，获取高价商品的概念点

在热门品和高价值商户热门品的选择上，需要按照商品的最小颗粒度进行排序，一般基于条码的 SKU（Stock Keeping Unit，物理上不可分割的最小存货单元）维度。

在商品趋势（获得高价商品的排序）上，需要使用比 SKU 高一层的商品颗粒度，一般是 SPU（Standard Product Unit，标准化产品单元）。

举个例子来增强"体感"，5kg 小花牌消毒液就是 1 个 SKU；1kg 小花牌消毒液和 5kg 小花牌消毒液是 2 个 SKU，属于同一个 SPU。在以价格判断商品趋势的时候，需要使用 SPU 剔除包装对价格的影响，避免筛选出来的商品都是箱装产品，无法实现筛选高价商品提取概念点的目的。

以下是针对几个细节问题的建议。

（1）在筛选单品的时候是否需要剔除大促带来的异常值影响？

建议：本步操作主要用于提取概念点，一般情况下，无须剔除。

（2）是否需要增加其他指标做判断，比如品牌商的会员数量？

建议：会员数量的影响因素较多，比如品牌商的运营水平和运营时间长短，或者品牌所具有的特性，不具备可比性，建议用购买人数替代，用来观测引爆人群池的基数。

（3）在时间周期上应该如何选择？年？月？

建议：在时间周期上，由于单品层面的数据受大促影响大，如果时间周期短，则受短期影响大，对概念点的提取可能造成影响，建议提取 6 个月的数据，在确保概念点时效性的同时，剔除大促的影响。对于时效性较强、经常进行品牌轮换的品类，也可以选择 3 个月作为周期。

在确定以上原则后，就可以进行数据提取验证了。在大功告成之际，更加需要谨慎动作，这里最大的"坑"在于，需进行分层提取：先提取品牌层，再提取单品层，而不是一步到位直接提取单品层。如果直接提取单品层，则会错过一些新概念点。

此外，品牌层的信息在确定引入品牌商及合作细则中都会发挥作用。当进行品牌层判断时，需加入品牌下的单品数量字段，以及整合品牌调性判断是否适合本次大促。

在这一阶段，我们获得了热门/重点品类下的热门品、高价值商户最爱购买的商品，以及目前的高价商品（找寻商品中潜在的引爆概念）；获得了品牌商的业绩实力以确定本次活动的品牌商初选清单。

在做完这一步操作后，我们可以按照提取的新概念点（一般 3~4 个）进行会场部署，选择出各个会场的爆品（这里可以根据爆品概念和爆品商品清单与品牌商商讨并确认）。

之后的工作就是活动设计，元素设计，积累流量，一刻引爆。

这就是从全局到细节选出爆品的整个过程。在这一过程中，我们不仅选出了爆品，还把会场概念确定下来了。可以说是"一套方法论穿透整个业务"。

以上是基于大商品量在现存商品中选择出具备爆品潜力的商品，打造成爆品的例子。在实际的商品运营中，还会有从无到有开发爆品的例子。开发没有存在的新爆品，除了需要提取现有商品中冉冉升起的新概念，还需要结合消费者调研，了解未被满足的需求，并和现有的热门内容做结合，从而推出新产品，并打造成爆品。这一需求可以融合使用新品开发模型和爆品选择模型，走在整个行业的前列，不断推陈出新。此处不再做深入讨论。

4

用户与增长篇

随着互联网的深入发展，以用户为核心的各类业务不断拓展出巨大的版图，每一位用户的各类信息数据都被系统记录下来。这些数据就像《龙与地下城》里的矮人王国的宝藏，在黑暗中闪着金色的光芒。由于其丰富度和高价值，针对用户的分析逐渐占据数据分析的主导地位，数据运营该如何助力用户价值的提升呢？本章给出了一些实用的方法。

4.1　如何通过数据建立用户运营能力

本节思维导图

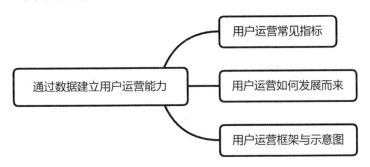

这一节的灵感源自 2020 年的新型冠状病毒肺炎疫情加快了线下企业数字化的进程。在疫情结束后，更多线下企业爆发式地需要发展线上的能力。线下企业数字化的进程被加速了，会有越来越多企业大踏步进入数字化运营阶段，对于数据能力爆发式的需求也会提前。

提到用户运营，在线上"浸淫"已久的朋友们肯定很快会想到 DAU（Daily Active User，日活跃用户数量）、LTV（Life Time Value，生命周期总价值）、ARPU（Average Revenue Per User，每用户平均收入）、RFM（Recency Frequency Monetary，最近一次消费、消费频率、消费金额）、留存率、频次、转介绍等一系列内容。活跃在"线下"的朋友们很快会想到会员管理和忠诚度项目等内容。

常规通用的指标和概念无法帮助企业解决实际业务中存在的问题，我们常常看到新晋的产品经理在各个信息渠道了解并收集这些指标后，就直接套用到自己的业务中，虽然不适用，却很容易得出"自成逻辑"的结论。这种结论被称为"真理式结论"，即"看上去有些道理，逻辑上说得过去，然而在实际业务中并没有什么用的结论"。

在本节，我们将从用户需求切入，看看用户运营的本质是什么，如何通过数据化方式为企业提供用户运营的能力。

实际上，在企业里，涉及用户运营的部门很多，比如市场部、营运部、产研部的工作都跟用户运营密切相关。这一情况本质上是随着零售业的演变阶段产生的。

从信息管理的角度来看，零售业在国内的演变可以划分为以下三个阶段。

- 以经销商为运营核心的分销阶段。

- 以终端门店为运营核心的门店管理阶段。

- 以用户为运营核心的用户运营阶段。

注意，在不同的阶段，只是企业核心运营的角度不同，其他环节实际上都存在，可以简单地理解为侧重点不同。

我们用下图来说明这一演变过程。

零售业在国内的演变

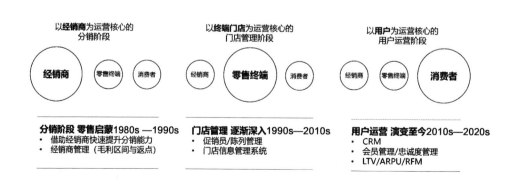

126

市场部获得客户，营运部提升留存率，产研部提供各式各样的工具，比如客户关系管理（Customer Relationship Management，CRM）系统、营销工具等。

由于疫情的原因，更多消费者培养了线上浏览和消费的习惯，线上化渗透率将进一步被提升，比如笔者的父母在疫情期间就学会了线上买菜，并逐步习惯了使用送菜到家的服务。

随着线上化的进一步渗透，大部分企业都直接进入了第三阶段——以用户为运营核心的用户运营阶段。在这个时间诞生的企业，一出生就只知道用户运营，所以向上游供应链延伸的能力不强。这也是很多新兴企业最终都要突破的核心竞争力——供应链管理能力。

再回到用户运营阶段。在这一阶段，企业对数字资产的管理至关重要，尤其是会员及购买用户的数据。如何通过数据运营，持续提升用户的购买频次和客单价，从而提升用户的贡献值及生命周期价值，是企业亟需关注的问题。除了针对用户的运营，也需要重构企业的数据组织形式，以用户数据为核心，使用全链路数据串联线上和线下，针对业务全链条进行指标设计，自动化运营业务。这个阶段的消费者数据成了三个大圆中最核心、最聚焦的点，其他内容都围绕这一点进行，所以很多互联网企业的价值观中第一条就是客户第一，本质上也基于这一逻辑。

要借助数据建立用户运营能力，核心要先架构出用户运营的框架。用户运营就像拿着一个容器，把越来越多的活跃用户积蓄在容器里，持续提升用户购买力和活跃度，如下图所示。

用户运营框架

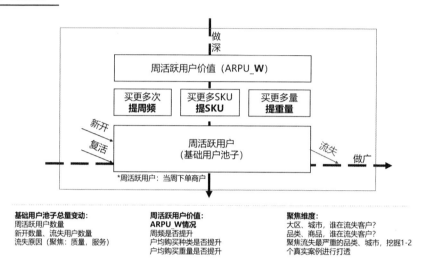

不断拓展周活跃用户池子，并针对周活跃用户池子里的用户提升购买频次和购买金额，大部分用户运营都集中使用这一逻辑。初创公司往往聚焦新开用户、复活用户，而忽略了流失用户。成熟企业往往靠不断降低流失用户数量来保障池子中用户数量的量级。针对存量客户的不断触达、激活、提升，无论线上和线下采取什么方式，比如疫情期间直播带货这一方式热度较高，其实都是不同时期的不同方式，整体逻辑仍然不变。

有了用户运营框架，我们很容易建立用户运营的指标体系：新开数量、复活数量、流失数量、购买频次、购买品类、购买重量，然后针对流失用户了解流失的原因，对于"不愿进入池子"的用户了解不想进入的原因，就可以持续通过"做广"和"做深"的方式，不断提升用户购买力。

对于周转较快的商品，建议看周活跃用户数（以下简称"周活"）；对于周转较慢的商品，周活不一定适用，可以看月活跃用户数（以下简称"月活"）。在实际工作中，数据运营人员需要针对细化的口径进行"内化"，才能确保用户运营框架下的数据发挥作用。

下面讲一下我们经常看到的 RFM（Recency, Frequency, Monetary）的本质。RFM 的应用是基于用户行为对用户进行分层，可以将其理解为在用户运营框架下，进行用户分层运营以提升用户价值的工具模型，属于用户运营中精细化运营的一种方式。RFM 中使用最近一次消费（Recency）、消费频率（Frequency）、消费金额（Monetary）来进行用户的分层。实际上，在对用户行为进行分层的维度选择上，不同的行业可以选择不同的维度，把用户群按照相似的属性聚集在一起，然后针对用户群实施不同的营销策略，以提升资源投入的使用效率。这里比较实用的建议是，在大部分商业分析中，分层模型里的维度不超过三个。另外，维度之间需要彼此完全独立。完全独立是什么意思呢？比如两个维度，一个使用销售额，另一个使用销售量，就会有问题。因为销售额等于销售量乘以客单价，销售额会受到销售量的影响。有些企业会使用 RFM 的变体以更适应自己的需求：最近一次消费改为最近一次有效消费（比如购买金额达到多少），或者使用购买次数替代消费频率等。但核心还是"内化"，只有适合自己的才是最好的。模型千万个，大家都能用，为什么用了这些模型的企业只有一两家能杀出重围，核心不是模型多厉害，而是"内化"能力多厉害。

用户运营领域的数据多样且有趣，比如线上可以根据搜索下单转化率判断商品是否有吸引力；可以通过调研来了解用户在哪个环节进行决策，从而决定营销资源投入哪个环节；还可以通过研究流失原因来降低用户流失率，从而将用户池子里的"水"多蓄一些。如果是由于品质不佳造成的用户流失，请查看"如何通过数据驱动品质运营"一节。

百炼成钢，核心是"炼"。

4.2 制作一份七分熟客单价分析

本节思维导图

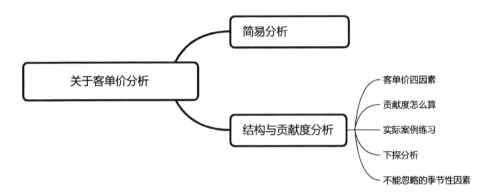

在做客单价分析需求的时候，经常会遇到如下问题。

- 最近客单价怎么下降这么快，看看是什么原因？

- 客单价最近好像上涨了，看看是什么原因？

- 客单价最近没什么变化，看看有没有什么突破点？

以上问题虽然看起来有些"幽默"，实则还原了 70%的真实场景。分析师收到这样的需求往往会快速做出一份"鲜肉刺身"式的分析，麻利地看一下日环比、周环比、月环比，找出客单价下降的品类，或者客单价下降的大区，然后得出一个结论。

从快速分析的角度来看，这样的做法符合时间需求，快速给出简易的反馈，给陷入"死胡同"的业务方搭建一个思维的"梯子"，可以先突破看看。可是，从协助看到真相的角度来说，可能至少需要制作一份成熟点的客单价分析，才可以避免提供错误结论，避免带着业务方一起陷入误区。经验丰富的分析师做出高品质"鲜肉刺身"的概率会大一些，不过在这种情况下，背后做支撑的经验起关键作用，此处不做讨论。这里还是从零门槛、可上手的方法来展开分析。

此类兼具时间需求和严谨性需求的分析，我们称之为"七分熟客单价分析"，既满足时间需求也"美味可口"。

下面介绍"七分熟客单价分析"的具体做法。

在常规情况下，七分熟客单价分析会考虑四个因素。

- 品类结构引致的客单价变化。

- 区域管理结构引致的客单价变化（一般基于地域结构）。

- 商户类型结构引致的客单价变化。

- 季节性引致的客单价变化。

下图可以说明品类结构和区域管理结构的改变对客单价的影响。

七分熟客单价分析

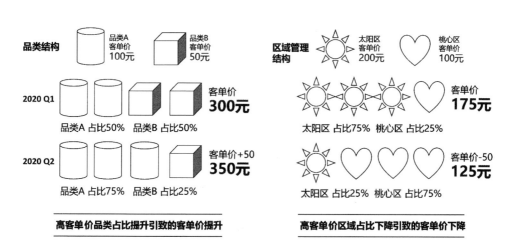

131

当高客单价品类用户覆盖率提升时，在其他条件不变的情况下，客单价会由于品类结构的改变而增长；当高客单价区域（土豪区域）在整个公司内部的用户覆盖率下降时，也会引致整体的客单价下降，也就是说高客单价区域的占比下降，就算其他区域用销售额补足，也会引致客单价下降带来其他成本的上升，导致利润下降。这一点往往容易被忽视。

除此之外，商户类型结构的改变也会引致客单价的变化。例如，大额订单的商户占比提升，比如连锁商户或者批发商，会拉动整体客单价提升；当占比降低时，在其他条件不变的情况下，客单价也会随之下降。

在去量化表达品类结构、区域管理结构和商户类型结构对客单价变化影响程度的时候，我们会使用客单价贡献度/贡献率来进行表达，如下图所示。

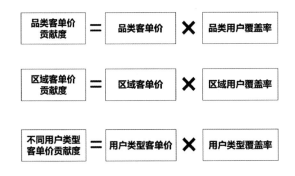

在客单价贡献度的基础上除以整体客单价，可以获得客单价贡献率指标。可以用客单价贡献率表述该分类对整体客单价的影响。

我们试着用客单价贡献率的计算方法来计算一下太阳区和桃心区对整体客单价的影响程度，如下图所示。

客单价贡献率练习

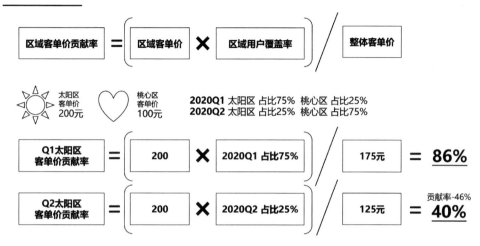

在 Q2 的时候，太阳区占比下降，丧失了客单价主导地位，同时引致整体客单价的下降；桃心区是整体客单价的主要贡献力量，如果无法通过调整区域占比结构来提升整体客单价，也可以通过桃心区客单价的提升来驱动整体客单价的提升。

在分品类、分区域和分商户类型的时候，我们可以通过客单价贡献率看到该分类对整体客单价的影响程度。不过在实际应用中，客单价贡献率往往会作为过渡指标（只在计算中出现）。为了更加形象地表述结果，最终展示的是客单价贡献度变化带来的客单价变化元数，如下表所示。

客单价	Q1	Q2	变化	Q1 贡献度	Q2 贡献度	影响元数
整体	175	125	−50	—	—	−50
太阳区	200	200	0	200 × 75%=150	200 × 25%=50	−100
桃心区	100	100	0	100 × 25%=25	100 × 75%=75	+50

由于结构的改变，整体客单价下降 50 元。其中，太阳区占比的下降下拉贡献度 100 元，桃心区占比的上升提升贡献度 50 元。

这里使用管理区域作为例子，在品类客单价贡献度分析上，也常使用该方式来分析不同品类结构的变化对整体客单价变化的影响。在针对品类客单价的分析上，需要注意，由于用户可以一次购买多个品类，品类占比合计会有超过100%的情况；而对于管理区域来说，各个区域占比加和为100%。

在确定客单价贡献度之后，我们还可以根据贡献度的影响因素进行下探分析，进一步了解下降原因，如下图所示。

贡献度因素下探

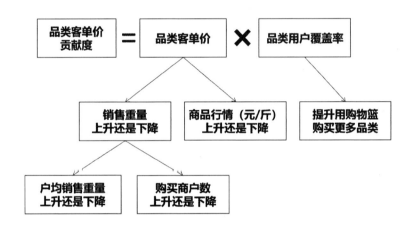

整个下探过程也可以用贡献率、贡献度、贡献度变化带来的客单价变化元数来量化各个环节的影响，从而找出影响客单价的最大可控因子，然后通过运营可控因子提升客单价。

讲到这里，是不是基本上算一份七份熟客单价分析了？还不是，到这一步，可以说是"五分熟"的分析。还有非常重要的一点在一开始提到过：季节性。

影响品类结构改变的因素是多样的，比如商品的产量等，同时商品行情可能存在季节性波动。对于具备季节性的商品来说，客单价的下降很可能来自行情的影响。比如，叶菜在冬天价格较高，春天价格逐渐下降，夏天价格逐步提升，直至年末。当遇到季节性行情带来的客单价下降时，就需要把控季节性，提前规划品类结构，以其他品类补充预测下降的客单价，从而保障整体业务的提升。该类动作属于计划规划类，老牌外企大多深谙此道，不断进行新旧品牌替换或者升级品牌，无论消费者如何花心、政策如何改变、品牌品类如何更迭，都能保障集团整体的收入和利润，主要就是因为规划工作做得扎实。

季节性行情的影响还会作用于分析时对品类结构对照组的选择，忽略季节性行情的分析师往往会较随意地选择对照周期，得出由于某品类覆盖率下降引致客单价下降的结论。该结论的误区在于，其下降的性质属于行情性下降。一方面，如果无法解读到这一层，则可能引致错误的运营策略。比如，根据该结论简单得出提升非季节性商品客单价的策略。另一方面，在选择对照组的时候，较好的方案是选择可对照时间周期的。在上面蔬菜的例子里，最好是春天对比春天，冬天对比冬天。为了得到全面性结论，在选择了季节性对照组后，也可以选择其他时间周期，比如相近周期（当业务以超乎寻常的速度发展时，会不断重构品类结构，其影响可能会大于季节性行情的影响），提供补充性信息。

贡献率、贡献度和变化元数的方法也可以应用于针对不同分类的毛利额和利润额贡献度的分析，是分析不同分类影响程度的常用方法。

以上就是一份"七分熟客单价分析"了，希望还算"美味"。

4.3 用户价值提升三板斧

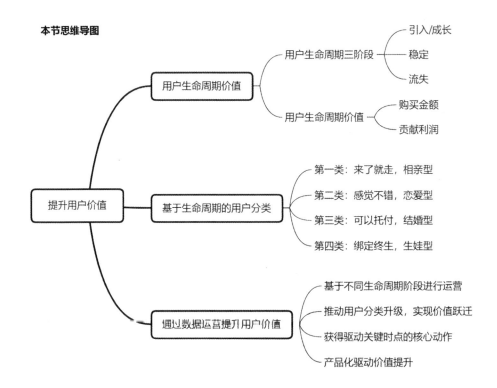

提到用户价值，就不能不提到大名鼎鼎的生命周期总价值。这一指标在于了解一个用户从第一次购买到最后一次购买为企业带来的累计价值，一般使用销售额计算，也可以使用利润额计算等。本节为了生动化地表述用户价值的分析框架和提升方法，引入"鹿先生和他的小酒馆"作为案例。案例虽为虚构，但逻辑和方法论可以复用。

鹿先生在地坛西门开了一家小酒馆，每天大约有 10 名客人来店里喝酒，每天每客购买金额为 100 元，鹿先生每天的销售额为 1 000 元。假设每天到店的客人不变，鹿先生的小酒馆收入将稳定在 1 000 元/天。在实际场景下，每天到店的客人千变万化，有只来一次觉得酒不好喝就再也不来的客户 A，也有每天都来固定消费，累计来了 100 天的忠诚客户 B。对于小酒馆来说，客户 A 的生命周期总价值为 100 元；而忠诚客户 B 生命周期累计价值为 10 000 元，由于忠诚客户 B 尚未流失，其对于小酒馆的生命周期还在继续中，所以此处表述为"累计价值"，而非"总价值"。除了新客户 A 和忠诚客户 B（统计学中表现为 Outlier, 离群值），大部分客户 C 持续来 50 天左右就会流失，每位客户的生命周期总价值在 5 000 元左右。从以上状况来看，为了提升小酒馆的收入，鹿先生可以通过拉新提升新客户数量，也可以通过各种方法留下新客户，培养新客户每日到店消费的习惯，把新客户培养成大部分客户；也可以通过降低大部分客户的流失，提升忠诚客户的数量。这一过程，引出另一个广泛应用在用户分析领域的理论——生命周期理论（Life-Cycle Approach）。生命周期理论的应用极为广泛，不仅应用在用户分析领域，还应用在企业、产品、行业分析领域。生命周期理论认为市场大致分为四个阶段：进入、成长、成熟、衰退。在实际应用场景中，会衍生出更多阶段，不过也可以保持四阶段进行分析或者根据实际业务情况进行精简。

针对鹿先生的小酒馆，我们把客户的生命周期阶段分为：引入/成长、稳定、流失三个阶段，如下图所示。

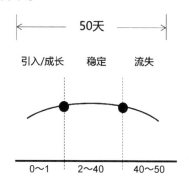

第一次来小酒馆的客人，其体验决定了是否还会继续来，变成一名稳定的客户，因此第一阶段尤为重要。大部分企业可能会忽略对刚刚进入的客户的关注和服务，从而错失了获得稳定客户及忠诚客户的机会，随着稳定客户逐渐流失，最终收入越来越少。针对稳定客户，如何促使其"升级"成为一名忠诚客户，也是提高收入的关键所在。我们假设一种极端的情况，每一位到店的客户都成了"永不流失"的忠诚客户，那么，收入就会随着新客户数量的提升而大幅度增加。鹿先生的小酒馆也会逐渐扩大规模，开分店，从地坛西门开到三里屯，然后覆盖全国。

用户价值除了看用户贡献的销售额，也可以按照以上方法以利润额进行统计和分类，此处不做赘述。

基于用户生命周期的分析，我们把小酒馆的客户按照生命周期持续的时间长短分为四类。

- 第一类：进门看了看就走的"相亲型"（注册未下单，未实现成功转化的客户）。

- 第二类：进门坐下来喝了一杯，之后少量来了几次就再也不来的"恋爱型"（少量下单就流失的客户）。

- 第三类：进门坐下来喝了一杯发现不错，后期持续来的"结婚型"（忠诚客户，销售额或者利润额贡献的主要来源，数量较多）。

- 第四类：进门坐下来喝了一杯发现不错，后期持续来了很久，只要喝酒就来这里的"生娃型"（忠诚客户里的离群值，数量较少）。

为了实现这四类客户间的升级转化，第一类升级为第二类、第二类升级为第三类、第三类升级为第四类，需要通过数据运营提升用户价值。基本有三个关键阶段，对应不同的策略，如下图所示。

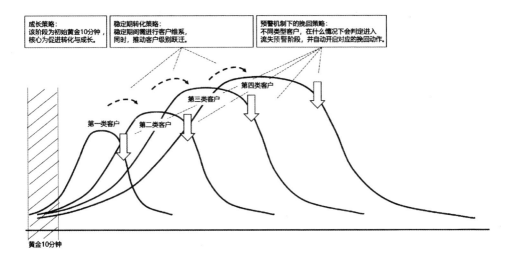

- 成长策略：对于小酒馆来说，客户第一次进店的前 10 分钟的体验非常关键，核心为需要促进进店之后的转化下单，以及对店内畅销品的更多尝试，可以使用的策略有第二杯 9 折、第三杯 8 折、买三杯送一杯特调饮品等。

- 稳定期转化策略：在客户稳定之后，需要挖掘不同频次、不同购买金额的客户差异，比如每周来两次与每周来四次的客户有什么差异？每次来点一杯与点三杯的客户有什么差异？这里的差异点可以从行为上也可以从客户自身的属性上进行挖掘归纳，找到差异点后，通过运营低频客户、低贡献客户来降低差异，探索提升客户级别的方法。

- 预警机制下的挽回策略：不同客户分类的预警信号不同，比如对于第三类客户，已经形成了规律性稳定的进店消费习惯，当频次由四次降低为三次，则进入流失预警阶段。进入流失预警阶段的客户，一般会使用营销活动进行触达并实施挽回策略，此处不一一列举方式。

对于鹿先生的小酒馆来说，少量的客户可以自己运营；可是对于百万级用户数量的互联网企业来说，通过用户运营提升用户价值，就需要将以上方法论进行产品化，通过用户价值提升三板斧"引入成长，转化升级，预警挽回"针对不同分类用户的不同阶段进行千人千面的运营，每日自动计算出用户级别和当前阶段，自动实施对应的策略。例如，向新注册用户提供首单抵扣券，向预警流失用户自动发送挽回优惠券等。

归纳本节的主要内容，引入/成长期对于用户生命价值最为重要，稳定期的核心是要实现用户级别的跃迁，一旦活跃度（频次、购买金额、访问深度、访问时长等反映用户活跃程度的指标）出现下降，要及时进行流失用户预警及挽回。

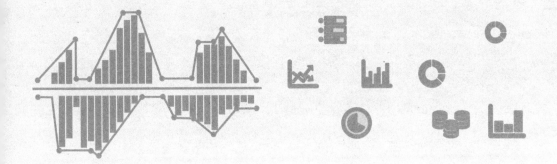

5

组织篇

数据分析师稀缺且难以培养，在未来五到十年内都会处于供不应求的状态。企业如何招募到合适的分析师，以及如何让分析师发挥价值，助力企业发展，是摆在企业管理者面前必须解决的一道难题。本章旨在为企业管理者提供一些实用的思路。

5.1　数据人才对于企业的价值

本节思维导图

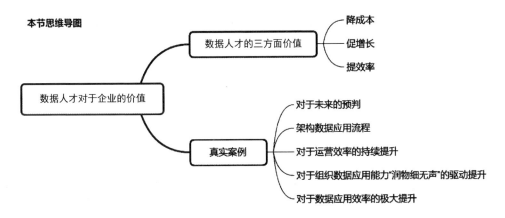

企业主关心的一个问题是："我付给数据人才薪酬，数据人才给企业带来了什么价值呢？"

量化数据人才的价值非常难，不过通过工作中各方给出的反馈，笔者试着反向归纳出一些数据人才的价值供参考。

数据人才至少有以下三方面的价值。

降成本：降低企业的时间成本，减少资源投入。

——"解决这个问题找别人可能需要几天，找你两分钟就解决了。"

促增长：基于历史和现状对未来发展进行预判，提供策略促进业务增长。

——"业务的发展情况跟你预测的基本一致，部署的方向对了。"

提效率：以低成本的方式不断提升企业的数据应用能力，从而提升运营效率。

——"需要多名数据人员来做的横向和纵向的报告，沉淀到数据产品上，一个人就够了。"

数据分析师就像企业这台"精密仪器"的维修师，总是可以快速找到问题的"七寸点"，以最小动作、最短路径解决问题。当数据分析师参与业务会议时，可以协助各方快速地聚焦核心问题所在，并确保各方的理解在一个层面上，提升会议的效率。当面对复杂信息时，数据分析师可以快速消化信息，解读并推动各方加以理解。

在越来越复杂的商业环境中，缺乏数据能力的运营人员，出现重大失误的概率会更大，只是这些失误未显性化，主要原因是快速变化的互联网企业还未等失误显性化，就已经转换了方向。虽然失误未显性化，但本质上会大幅度降低企业运营能力，从而导致企业在面对市场机会时，丧失市场竞争力。而专业并合格的数据人员，不仅可以避免在制定商业决策和策略时出现重大失误，还能以一己之力推动企业整体、组织整体及各个参与方的数据运营能力的提升，是企业数字化转型的核心驱动力量。

这里举几个真实的例子来更直观地介绍。

- 对于未来的预判：基于分析师的准确预测，婴儿奶粉企业预测到了中国婴儿潮的到来，提早部署中国市场，并在亚洲部署工厂，完善供应链以支撑产能，从而抓住机遇，占领市场。

- 架构数据应用流程：基于对点击购买等线上行为的记录，进行千人千面的商品推荐，并不断加强自我学习，校准推荐模型，以不断提升推荐效率，从而最大限度地促进增长转化。

- 对于运营效率的持续提升：通过监测内部运营效率的数据，找出横向和纵向运营效率低于均值的区域和人员，对效率较低的环节进行逐一突破，从而最终提升整体效率。

- 对于组织数据应用能力"润物细无声"的驱动提升：在找到合适的数据人才后，其所覆盖的横向部门和纵向部门的数据应用和解读能力将在6 ~ 12个月产生明显变化，主要表现为数据的解读更加透彻，结论的表达更加聚焦简化，数据的获取更加便捷。在数据人员的驱动下，数据能力逐渐由"仅在一人身上"变成"熔化"在组织内部，提升了整个组织的思考能力。驱动这一改变发生的，正是数据分析师的灵魂——清晰简练、直击要害的数据化思维。

- 对于数据应用效率的极大提升：在传统企业里，一个相同的报表或者分析往往需要各级人员分别完成。有些规模较大的企业，存在几百甚至上千名从事数据工作的人员，而日常工作往往是一些简单且重复的工作，从人力成本上看，非常"不经济"。通过在基础数据层做好指标级的权限管理，比如北京的人员只可以查看北京的数据，就可以通过一名人员制作看板（报表和可视化图表，甚至包含内化的方法论），从而全国复用。一个人可以替代几百人甚至上千人的工作，为企业极大地降低人力成本。而达到这一阶段的基础，是做好业务数据架构工作，统一指标（详见"做好指标统一的基础"一节）。

这样的例子还有很多，有业务存在的地方，就有数据与之对应，需要数据人员去全面解读：发生了什么？未来会怎样？我们该怎么做？并且通过不断赋能，让组织里的其他人员逐渐具备该能力。

数据人才对于企业的价值，就像暗夜里的北极星、航路上的灯塔，持身如泰山九鼎，应事若流水落花。他们能保持客观不偏倚，精确严谨不瞎说，从全局到细节面面俱到。能做到毫厘纠偏，见微知著，是业务增长的好帮手。

　　写完本节的时候，正值良品铺子上市，2016 年笔者在在行讲课的时候，讲到供应链数字化的部分，曾建议学员向良品铺子学习数据管理供应链的方法。2016 年，良品铺子的数据化相对其他企业已经十分完备。如果企业真正对数据化重视并加以应用，则数据会在 4～5 年内给企业带来巨大的效益反馈。同时，会让企业建立起竞争的"护城河"，长期保持领先地位。反之，对数据始终不予以重视的企业，或者只是表面上重视，实则没有使用数据来指导决策和应用，也许会在某一天幡然醒悟，了解到在信息化的过程中错失了绝佳的时机。

5.2　培养一个数据人才要多久

本节思维导图

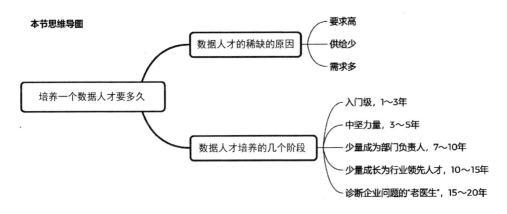

数据人才目前处于一个供小于需的状态，在主流招聘平台上可以看到各行各业都在不断地招募数据人才。为什么数据人才会这么稀缺呢？培养一个数据人才需要多久呢？

本节主要讨论上面两个问题。希望看到本节的企业领导，更加珍惜企业的数据分析师，他们是整个社会花巨大成本培养出来的，希望可以给他们更多机会，以发挥更大的价值。看到本节的数据分析师，请转给你的领导。

为什么数据人才会这么稀缺呢？数据人才需要横跨三个专业：数学、商科、计算机，同时需要结合理论、实践和应用。在数据科学专业课程中，既需要学习数学、统计学，还需要学习计算机编程，不仅如此，还需要学习工商管理、经济学等课程。再加上应用性极强，至少需要 1～2 年的实习期才算是可以初步上岗。因此，数据人才稀缺的第一点原因是：需求技能复杂且融合。

2016 年，国内开设了少量数据科学本科专业，因此到 2020 年才有第一批数据科学专业的本科毕业生。2018 年开始才逐渐增多了开设该专业的学校。高校培养人才总是滞后于市场需求的，更别提第一批学生还没有被培养出来。因此，第二点原因是：体系化培养滞后且不足。

由于数据人才的稀缺，市场已经选择性地开放数据分析实习生的岗位给优秀的研究生或者本科生，从而更快地培养更多数据分析人才，以满足越来越大的需求缺口。

从需求侧来说，数据科学可以被称为互联网的"后半场"，数字化之后的应用核心就是应用数据。被数字化的各行各业，都需要数据人才的存在。不仅是互联网渗透率高的金融、零售等行业，还有互联网渗透率较低的传统行业，比如地产、建材等行业，都随着互联网的逐步深入，增加了对数据人才的需求。不仅在企业，政府机构也存在对数据人才的大量需求。可以说，数据人才已经成为企业的必备人员，是信息时代保障信息全面有效的利器。没有数据人才的最直接结果就是，在信息时代失去了方向。因此，第三点原因是：各行各业的需求涌现。

基于以上三点，数据人才要求高、供给少、需求大，将在很长一段时间内维持稀缺的状态，笔者预计这种状态将持续 5～10 年。

数据人才这么稀缺，那培养一个数据人才需要多久呢？虽然有不少本科毕业就从事数据工作的同学，但由于数据工作的复杂性，目前研究生毕业后进入该领域的人才居多。高校按照 4+3（7 年）的培养期，研究生毕业 1～3 年后可以成长为一名初级数据分析师；3～5 年后，可以成为数据分析师的中坚力量；5～7 年后，其中一些优秀的人才会成为分析部门的负责人；7～10 年后，会产生少量的企业分析部门的领头人；10～15 年后，部分人会成长为行业领先的数据人才；15～20 年后，成长为企业诊断各种问题的"老医生"。数据分析师所需要的能力需要通过时间和经验来培养，而经验不是上几年学就能锻炼出来的。对比其他专业，就读数据科学专业的人才毕业后，在实战环境中的培养时间也会比较长，主要由于他们不仅要做技术类型的工作，还必须通过数据支持决策，帮助探索新策略的方向，参与商业运营策略的制定和分析，这样才能做数据分析师，而不是数据工程师。

我们把数据分析师的中坚力量作为数据分析师培养的年限，那就是 7 年教育+3 年实践——10 年的基础培养实践，而要成为"老医生"，则需要在此基上再加上 15 年的行业锤炼。按照研究生 25 岁毕业直接从事数据工作算，在 28 岁可以成为一名合格的数据分析师，再经历 15 年的行业锤炼，这名同学已经43 岁了。这里有一个矛盾点，由于数据科学是新兴学科，其变化可谓日新月异，需要时刻学习，虽然年龄不是学习的障碍，但随着年龄的增长，学习效率逐渐降低，可投入的精力逐渐减少。在学习需求和行业需求的中和下，目前市场上承担核心工作、领导公司或者部门的数据人才往往在 30～35 岁，而这部分早早成长起来的数据人才极为稀缺。

由上归纳可知，培养初级数据分析师需要 10 年左右时间，培养"老医生"需要 25 年左右时间。年轻且出类拔萃，既兼顾行业锤炼又兼顾量化技能的人极少。

数据人才稀缺也与培养时间长有一定关系，在目前供需严重失衡的情况下，高质量的数据人才更是"塔尖"的稀缺人才。希望企业可以为数据人才和数据团队搭建好的平台，发挥数据人才的价值，为企业降本增效。招募到好的数据人才后，如何提高其效能，请关注下一节"如何发挥数据人才的价值"。

5.3 如何发挥数据人才的价值

本节思维导图

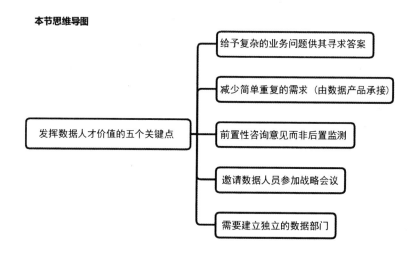

首先，企业主或者部门负责人需要先在内心问自己一个问题："是否只是把数据人才当作一个提取数据的工具？"想要什么数据，就联系数据人才获取，仅部署一些简单提取数据的工作的企业主或者部门负责人，笔者只能说你们实在太"壕"了，这么贵的薪水付出去，请到行业优秀的数据人才，只是让他来提取数据，无论对企业还是数据人才，都是极大的浪费。

那么，如何才能用好数据人才，发挥价值，更多地助力企业呢？需要注意以下几点。

1. 给予复杂的业务问题供其寻求答案

一方面，复杂的问题有助于数据分析师的快速成长；另一方面，数据分析师的技能在于擅长解决复杂问题，企业把复杂问题交给直觉，而把简单问题交给数据分析师，这属于资源错配。建议在目前复杂的信息环境下，需求方要与理性思考的数据分析师更多地交流，拓宽思路。

2. 减少简单重复的需求（由数据产品承接）

从员工发展来说，简单重复的需求会提高数据人才的流失率。因为成长慢，有志于从事该职业的人很快就会发现，在现有环境下无法提升自我，而去寻求其他发展平台。

从企业成本来说，经常会出现宁可招收几十个简单提取数据的数据人员，也不愿意沉淀一个简单灵活的数据产品。这样做，其实不仅成本高，而且没必要。

当遇到简单需求的时候，时刻提醒自己，是否可以由数据产品解决，该数据产品是什么样子的。

而数据分析师则会推动常用的数据分析方法论沉淀成数据工具，供运营人员自由灵活地使用。数据分析师承担推进数据平台工具不断升级的职责。同时，开展复杂性的探索性分析，之前没有接触的分析，可能需要细分指标，也可能需要全新角度，这些都可以交给数据分析师去数据"深海"里探索。在完成探索、固化下来后，再推进实现工具化，从而整体促使公司的数据应用能力越来越强。

注意，只有通过这样的途径提升公司整体的数据应用水平，才可以极大地提升公司的效率，光有强大的数据分析师是不够的，要把数据分析师的能力通过数据运营的方式，赋予公司里有需求的每一个人。同时提示数据分析师，仅仅凸显个人价值是不够的，需要以一己之力，或者以数据团队的力量，驱动整体能力的改变。

3. 前置性咨询意见而非后置监测

分析工作在业务整个过程中都会产生价值，从机制规划到后期监测，分析人员需跟随业务发展的进程，实现分析工作在各个阶段的价值产出。在业务发展的整个链路上，业务人员为推动项目科学有效地开展，也需要数据分析师的分析能力助力。技术工程师较难深入解读业务，而数据分析师是介于业务人员和技术工程师之间的一群人，他们可以给出业务建议及最终业务价值的评估呈现。项目中有数据分析师的效率比没有数据分析师会高很多。

数据分析师具有特殊的商业价值，但量化数据分析师的价值却很难。这里举一个生动的例子来形象表述数据分析师的价值。

在信息过载的当下，市场发展日新月异。在业务发展的同时，企业面对过载的信息，就如同掉到数据"深海"里，而数据分析师可以找到出路，从茫茫大海中捞出最有价值、更符合业务需求的点，连接在一起，最终走出深海迷宫。

优秀数据分析师最具竞争力的能力是对未来的预判和预测，可惜大部分企业只是让他们从事事后监测和评估的工作，这是对数据分析师价值技能的极大浪费。

4. 邀请数据人员参加战略会议

在企业战略会议上，经常会脱离业务发展的实际情况，本质上还是对企业信息把握得不够全面和彻底，这里不是指管理层未履行职责，而是在目前信息爆炸的情况下，不是人人都具备对复杂信息的消化能力，而数据人员则擅长消化、解读复杂信息。把复杂信息吸收进去，再把简单的本质解读出来，是数据人员的另一项重要技能。邀请数据人员参加战略会议，不仅可以获得准确的企业信息，还可以在对未来的判断中加入更多理性的思考。

5. 需要建立独立的数据部门

这一点往往被企业忽略，数据人员散落在各个部门，散落的数据团队效率低、成本高，大多数人的工作是简单且重复的。建议借鉴阿里的做法，为数据人员单独成立分析部门，不仅可以实现资源的灵活调用，还可以在业务分析上进行多方融合，得出更实用和落地的建议。

　　看到这里，大家是否对如何发挥数据人才的价值有了一些方向？可能又有人要问了，现在明显需求大于供给，那应该如何招募到优秀的数据人才呢？请关注下一节"如何招募到适合自己公司的数据人才"。

5.4　如何招募到适合自己公司的数据人才

本节思维导图

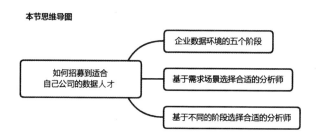

本节主要是给需要招募数据人才的企业负责人看的，当然正在选择企业的数据人才也可以通过本节了解自己的技能更适合什么类型的企业。

企业在招募数据人才的时候，首先要清楚自己的目的，是要招募一个数据大牛来提升企业数据化的知名度，还是招募一个数据大牛来解决问题，还是招募一个数据大牛来把以上问题都解决了。如果是为了提升知名度，肯定要借助猎头找到头部大厂的数据科学家、顶级名校数据科学博士、行业翘楚。如果要解决实际问题，建议在找数据大牛前，先做一个简单的自找诊断，确定目前企业的数据环境处在哪个阶段。那么，企业数据环境有哪些阶段呢？

我们把企业数据环境归纳为无数据、有一点数据、有一些数据、有很多数据和数据太多了五个阶段，如下图所示。

企业数据环境的五个阶段

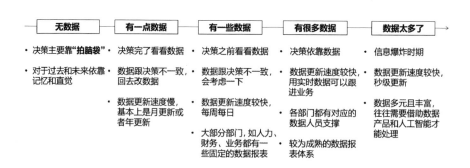

数据环境所在的阶段主要由数据量、数据更新速度、数据应用程度、数据应用能力来进行区分。目前大部分企业都在第一至三阶段，成熟的互联网企业在第四阶段，可以到第五阶段的企业少之又少。按照目前的数字化进程来看，可以真正应用人工智能的企业较少，场景主要在一个环节内，其瓶颈主要在于无法提供人工智能所需要的标记好的数据及巨大的数据量。

在实际应用场景中，也仅有少量企业有必要且有能力应用机器学习、人工智能，对绝大多数企业来说，实际应用性还不足。

从目前的企业数据环境来看，大部分企业需要的数据人才也是完全不同的。所以人力部门在招聘前，一定要与企业内部的数据部门负责人进行沟通，了解到底哪一类型的数据人才才符合公司的需要，并不是只要在简历上写着"做过分析师"的就适合。从分析场景上看，主要分析的是用户、效率，还是商品，其背后需要的技能和分析方法都不太一样。分析用户主要基于 LTV 展开。分析效率主要从内部运营的角度切入，分析各个交易场景和促成交易场景下的效率如何提升，例如营销效率分析、销售效率分析等。分析商品一般应用的是品类管理，需要考虑商品的属性。不仅场景不同，不同行业对应的分析也不同，对于资深的分析师（5～7 年）跨行业需要谨慎，金融分析和零售分析往往是不同的内容，虽然他山之石可以攻玉，但是提出深入的业务洞察需要一些业内经验的沉淀，这是数据分析师不可替代的技能。当然也不排除一些非常优秀的人才，在跨行业后展现出了快速的学习能力，并取得了较大的成就。

总结一下，如何招募到适合自己公司的数据人才呢？

- 招人之前先判断目前企业数据环境的阶段和亟须解决的问题（是增长，还是提效）。

- 处于数据环境第一至三阶段的企业，寻找相关行业的分析师最能解决问题，不需要迷恋一线大厂的分析师。

- 处于第四至五阶段的企业，可以寻找行业内最顶尖的分析师，优先选择一线大厂的分析师。

- 针对需要分析的行业、场景，寻找有相应经验的分析师，比如零售企业优先找零售行业数据分析师，金融企业优先找金融行业数据分析师。零售行业内，商品分析师和用户分析师所开展的分析工作差距大，两类分析师实际不是同一拨人，建议选择对应的人才。

- 如果是第一次搭建分析团队，建议先与具备 10～15 年数据分析综合背景、可做数据应用架构的人进行沟通，诊断企业的数据环境阶段，再确定数据团队的需求画像。

最后，分析师是企业大脑，对于稳定的一线大厂，我们往往会发现数据应用团队的负责人非常稳定，在前期经过足够时间的打磨之后，数据应用团队的负责人将是企业内最了解信息的人员。融入时间为 1～2 年，一旦选择了不合适的大脑，反复招募数据人才并落地的成本将无法估计。如果一个企业，没有快速的信息传输机制（神经元），没有时刻动转的监测系统（眼睛），没有快速判断消化信息的决策支撑（大脑），这艘大船将会驶向何方？可能这艘船上的每个人，心里都没有底。

适合自己的，才是最好的。

5.5　数据运营团队的岗位职责与任职要求

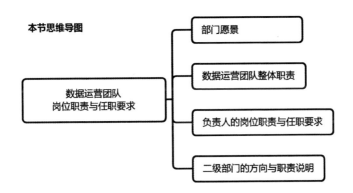

本节思维导图

数据运营团队
岗位职责与任职要求
- 部门愿景
- 数据运营团队整体职责
- 负责人的岗位职责与任职要求
- 二级部门的方向与职责说明

在搭建数据运营团队的时候，处于新手上路阶段的企业经常会苦于如何完成数据运营团队的岗位职责设计和任职要求说明。本节提供一份完整的数据运营团队需包含的职责及对候选人的任职要求，供企业参考。

首先需要说明的是企业数据运营团队的愿景。笔者认为，数据运营团队的愿景应为：全面统筹并推动整个企业乃至行业的数据化运营转型，为数据最终产生价值负责。

下面是数据运营部门的整体职责。

- 搭建全链路数据架构：梳理及重构供应链，基于供应链和业务需求节点进行数据需求架构；沉淀业务方法论，通过协同模式快速复制，对外赋能，提升行业效率。

- 建立品类标准与商业规则：调研商品，并完成非标品的标准化工作，同时承担新商品开发研究工作；制定自动化运营商业规则，承担制定平台商业制度的职责；统筹行业、品类、商品研究，建立标准化商品数据库，进行商品管理和商品策略研究。

- 通过数据运营提升内外部效率：打通销售效率、物流效率、渠道商绩效、需求预测数据等指标，建立关联，量化各个环节的效率提升点，并制定提升方案；研究、提供并推进 B 端和 C 端体验和品质提升方案。

- 行业研究与市场洞察：通过市场调查、情报收集及时掌握市场和行业动态。

- 数据赋能 BP：承担各个 BU、城市数据赋能 BP 的职责；清晰传递集团战略和执行信息，建立各级数据看板，推动自动化决策分析，及时收集各城市的问题并向总部反馈。

针对以上数据运营部门的整体职责，部门负责人对应的岗位职责和任职要求如下。

岗位职责：

- 全面负责公司的数据运营管理，完成业务规划、平台优化、资源整合，确定核心产品和服务及对应的商业模式和盈利模式。

- 研究运营数据和用户反馈，挖掘用户需求，发现运营中的问题并给出解决方案。

- 构建全面、准确、能反映业务特征的监控指标体系，并基于业务指标体系，及时发现和定位问题。

- 通过专业分析，对业务问题进行深入分析，为公司的运营决策、产品方向、商业策略提供数据支持。

- 对产品、运营、市场及客户关系管理等领域提供业务支持。

- 与内外部相关团队协作，推动业务部门的数据化运营、技术产品开发、工具培训等。

- 负责收集并研究行业及竞争对手信息，了解和分析客户需求，对市场及产品发展方向进行预测，及时调整业务和产品策略，合理制定业务和产品规划。

- 制定业务规则并对其进行管理，承担制定平台商业制度的职责，提升平台业务品质。

任职要求：

- 数据挖掘、机器学习、计算机、统计、数学等相关领域本科或以上学历，至少 8 年以上丰富的互联网行业背景，3 年以上运营经理/总监岗位经验。

- 能熟练地独立建立商业数据分析框架，具有数据敏感度，能从海量数据中分析挖掘问题，提炼出商业洞察。

- 熟练运用数据分析工具 SQL、Excel、Access，以及数据可视化工具 Tableau、MicroStrategy、Thinkcell、PPT，对外演讲能力优秀。

- 优秀的分析问题和解决问题的能力，能够把合理的思路成功应用于实践。

- 有客户关系管理（CRM）分析或运营经验、数据化运营经验、数据型产品规划经验，有互联网新零售相关领域经验的优先。

在组织规划上，建议把数据运营部门设置为一级部门，除了数据运营部门负责人（总经理级），其他级别为：数据运营高级总监、数据运营总监、数据运营高级经理、数据运营经理、数据运营主管及数据运营专员。

除了岗位级别，数据运营部门下一般可以设 8 个二级部门，承担不同方向的工作，分别如下。

1. 数据运营（数据架构方向）

- 梳理及重构供应链，基于供应链和业务需求节点进行数据需求架构。

- 沉淀业务方法论，内嵌数据产品，支持覆盖城市、网店的快速复制，提升效率。

- 建立指标树与指标关联。

2. 数据运营（调研和研究方向）

- 调研商品，完成非标品的标准化工作。

- 建立标准化商品数据库，以及设定维度。

- 建立前沿信息收集机制，并进行管理分析；创新信息收集及评估方式，完成创新策划工作。

- 推进业务发展与创新，承担新商品、新业务的开发研究工作，并提供可落地的调研分析报告。

3. 数据运营（策略和计划方向）

- 统筹行业、品类、商品研究，建立商品数据库，制定营销活动策略，并研究选品等。

- 通过数据挖掘，洞察生意机会点，探索客户获取模式和渠道开发策略，追踪商品表现和制定计划。

- 追踪市场终端执行和反馈，优化渠道和客户的投入和产出。

4. 数据运营（效率提升方向）

- 整合提升销售、物流、渠道商等内外部业务节点的效率，量化各个环节的效率提升点，并制定提升方案。

- 通过需求预测提升运营效率，并不断优化预测的准确率。

5. 数据运营（品质提升方向）

- 建立用户管理体系与用户管理制度，提升用户服务体验。

- 梳理现有业务流程，从用户体验、商品损耗、流程优化等各个角度提升运营品质。

6. 数据运营（赋能 BP 方向）

- 赋能各大区城市，承担数据 BP（Business Partner，业务伙伴）职责。

- 对接城市板块和集团板块,将集团战略和执行信息清晰地传递至各级并落实执行效果，通过周期性（日、周、月）数据复盘，及时识别潜力提升点，推进业务效率的提升。

- 深入城市团队，从多角度支持城市团队的日常管理和业务追踪，建立实时追踪分析体系，及时收集各城市的问题并向总部反馈。

- 与集团和城市的各个部门合作,协助城市制定销售策略并推荐可落地的执行方案；为业务快速发展提供所需信息和策略支持，促进业务适应快速变化的市场。

7. 数据运营（产品工程方向）

- 负责对接产品技术团队及业务需求，通过产品和自动化手段提升数据赋能能力。

- 负责推动线上化持续迭代，提炼可以标准化的分析逻辑和维度，建立业务漏斗。

- 负责 C 端流量指标分析与 B 端效率分析看板，提供周期性的分析看板，自动化生成决策分析报告。

8. 数据运营（规则方向）

- 负责制定平台规则并对其进行管理，为平台高效、有序运行提供规则保障。

- 紧贴业务，为平台业务及项目提供规则支持，如搭建新业务规则体系、评估新业务规则风险等。

- 通过数据挖掘、调研等方法发现规则问题，并推动规则及其执行的优化，从而提升效率、用户满意度和服务品质等。

- 通过研究调研识别、推动和改进规则执行的痛点，持续不断地迭代规则，支持业务的发展。

基于以上数据运营团队的岗位职责和任职要求，企业可以寻找合适的人才建立部门，快速上手。

6

实用篇

数据运营在实际的业务场景下会遇到各种各样的问题：

- 突然接到一个从天而降的需求，该如何下手？

- 总是感觉自己做的报告欠缺些什么，却总是找不到问题出在哪里？

- 数据人员拿出一个模型，说可以解决你的问题，却解释得云里雾里？

- 跟业务方和产品技术人员一起开会，发现经常听不懂对方在说什么？

- ……

本章针对具体的问题一一给出解决办法，助力分析师开展每日工作。

6.1 分析师的黑匣子：需求拆解

本节思维导图

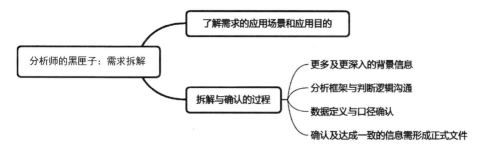

当需求方向你提出一个数据需求时，你首先要明确这到底是什么需求。

核心关键点一：

不仅需要确认业务方的需求字段，更要了解对方的应用场景和应用目的。

想了解对方需要的到底是什么，关键要了解对方为什么要看这个数据，这个数据在什么场景使用、会怎么使用、想达到什么样的目的、解决什么问题，这些都要与需求方沟通求证。

不跟需求方"哈拉"的数据分析师不是好分析师。

核心关键点二：

拿到需求之后，把需求放到分析师的黑匣子里，开始需求拆解与确认的过程。

第一步，了解该需求的背景，即为什么需要该数据，使用该数据做什么。

这里以两个不同的场景来说明问题。

- 提供给上级/董事会做简述。

- 评估下属或者下级城市的完成情况。

如果是给上级做简述的，则关键点很可能在是否需要传递合理适度的正面信息。

如果是用来评估下属或者下级城市的，则关键点很可能在是否传递合理适度的潜力点。

针对不同目的，即使需要的字段相同，需要的数据侧重点也不一样。这里不是指根据需求篡改数据，而是指在不同需求的场景下，在探索数据的岔路口需要前往的方向不同。

第二步，在了解需求背景的前提下，判断并完成如下两件事。

- 需求方需要的数据是否可以支撑需求方要达到的目的。

- 基于需求，判断所需数据的定义，并得出定义梳理表，与需求方确定。

分析师的专业性体现在这两点上，对于数据需求背后的真实需求的判断，以及基于内部系统和现有数据的理解、熟悉程度，融合需求场景和待解决的问题，给予需求方包含但不限于所需数据字段、周期等建议，并提供最终的数据呈现报告及结论洞察建议。

举个例子来说明需求判断与拆解。

小花饼干店的老板娘小花，想了解门店高频商户情况，于是去问她的分析师元宝。

小花：元宝，帮我看下高频商户的情况。

元宝：小花老板娘，你认为什么是高频商户？

小花：咱们饼干店没有高频商户的定义吗？

元宝：有的，咱们对于高频商户的定义是过去 7 天购买大于 3 次（包含 3 次）的商户。

小花：那就用这个定义吧，帮我看 12 月整月的情况。

元宝：咱们现有高频商户的定义适合滚动 7 天，不适合整月来看。

注意，小花饼干店有通用的关于高频商户的定义，但不适用于小花老板娘本次的需求。通过沟通，元宝明确了小花老板娘的需求字段，也确保与小花老板娘在同一信息平台上。

分析师元宝判断有通用字段不适用于本次分析需求，并与需求方进行沟通确认。

小花：为什么找你问个数据这么难？隔壁小王很快就给了我一份数据，你看，高频商户占比为 50%。

元宝：小王给出的高频商户占比使用的是"整月每天的滚动 7 天的低频商户数量累计/整月购买商户数"。在这样的算法下，低频商户占比会偏大。假设一位客户在 11 月 25 日到 12 月 1 日每天购买，在 12 月 2 日到 12 月 31 日均未购买，该客户属于 12 月整月的低频商户。但是在小王的算法中，这部分商户会作为 12 月的高频商户分子计入，所以导致高频商户占比虚高。

小花：我不管，你给我个正确的数据。

元宝：没问题。小花老板娘，你的这个数据是打算应用在什么场景下呢？

小花：你管我干吗呢？我不能要数据吗？

元宝：当然可以啦，了解需求主要是为了确保数据提供出来可以支持你的需求，确保信息一致，也节省了反复沟通、重复提取的时间。

小花：我想了解一下 12 月高频商户占比有多少，来看看要不要针对低频商户做一些活动。

元宝：好的，那我给你的数据中，再加上不同低频商户的分层占比数据，这样在做活动时也更有针对性一些。

小花：好的。

分析师元宝的需求拆解黑匣如下图所示。

分析师元宝的**需求拆解黑匣**

在实际的业务场景下，不会进行如此清晰和明确的数据字段沟通，往往基于分析师对需求方信息的全面同步，或者分析师和需求方在长久的工作中建立的默契。如果是技术娴熟的分析师，则可以快速摸清公司内部数据和系统结构，并以通俗化落地的语言培育各方、各级对数据的理解和认知，同时，以一座桥梁"磨平"业务和数据技术之间的沟壑。

对一个公司或者机构来说，CEO 高瞻远瞩，决定未来的战略和布局；分析师脑子清楚，决定了整个公司目标清楚。

这也是好的分析师稀缺的原因，技术、业务、数据，三位一体，沟通能力还要强。

在例子中，元宝解决了小花饼干店高频商户的问题，大家可以按照以上步骤，试着理解工作中所遇到的真实需求。关键点在于：以业务需求为出发点，以现状为辅助，了解公司内部通用指标的含义，并不困在现有的指标里；对指标的深入理解，需要先理解指标本身的属性；指标彼此关联，有时间先后，先梳理业务链路，再梳理指标关系。

分析师的黑匣子，在业务中的本质是做推演，以数据为媒介，"击穿"需求链路，把需求方及其所需要数据的背景、提出的字段与分析师判断的字段做融合，给出需求方都可能尚不清晰的最佳方案。

第三步，将输出的需求字段及其定义属性等全面的信息形成文件。

文件包含但不限于：数据来源、字段、定义、周期、计算方法、颗粒度、刷新时间等。在文件中需梳理哪些是需求方的需求，哪些是在需求里没有提出却隐含在其中的其他内容。

形成文件这一步之所以重要，是因为很多信息在大脑中和写下来是完全不一样的，形成文件有助于更清晰地梳理。

如果分析师有 0.1%的不清晰，在传递过程中就会不断扩大，传递至公司的细枝末梢，甚至可能会出现 100%的"颠覆"。

有很多想从事数据分析的小伙伴问笔者的第一个问题是：分析师需要的技能有哪些？这里不一一讨论，最关键的是有超强的逻辑性和清晰的大脑。

6.2 分析报告的基本功和展现形式

本节思维导图

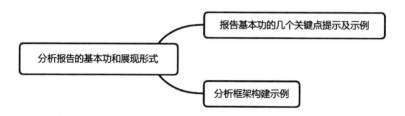

- 为什么拿到同样的信息，不同的人会解读出不同的内容？

- 某公司花 50 万元买了 B 公司的数据，重新组织解读，就卖了 500 万元？是如何增值的？

本节会简单说明一下分析报告的基本功和分析思维框架的构建。

报告基本功的说明如下。

- 每页需说明数据来源及数据计算方法，位置一般在左下角，灰色字体，斜体，备注前标注 "*"。

- 标题处简要说明结论及如何检验：不看图表，仅阅读标题即可形成完整结论。

- 图表表现不超过三个信息点（颜色也不要超过三种，尽量使用同一色系中的颜色）。

- 使用明显的标识凸显想表述的信息，避免仅呈现数据。

- 处理复杂数据信息，以简单的方式输出结论，依据不同的受众使用不同的术语。

- 避免同一份报告中不断切换对比周期。

- 同一份报告中任何页的相同指标的含义需一致，如前后存在一样的指标，数据需一致。

- 数据结论需由宏观到微观，有清晰结论。例如，全国情况怎样、各大区分别怎样、本页重点想讲述什么结论、建议做什么调整、目前变化的主要驱动因素是什么、数据呈现出来是好是坏是否有判断基准（Benchmark）。

一个简单的分析报告如下图所示。

此处是标题区，请简单说明该页是什么内容；
注意：该位置也可以作为结论区，在作为结论区的时候，请以简短的一句话说明本页主要结论，并针对重点需要表述的内容进行 颜色 或者 **加粗** 处理，引导关注重点。

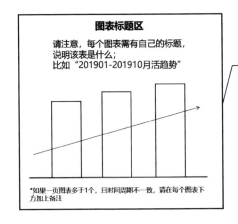

图表标题区

请注意，每个图表需有自己的标题，说明该表是什么；
比如"201901-201910月活趋势"

针对图表计划表达的结论，请使用箭头明显标出，**以快速突出结论**

*如果一页图表多于1个，且时间周期不一致，请在每个图表下方加上备注

其他制作报告重要信息

- 颜色不超过3种，尽量同一色系

- 每页图表不超过2个

- 重要结论（信息点）不超过3个

- 字体需要统一

- 整套报告需要形成一个故事线
- 你想通过这份报告讲述的完整业务故事

- 打算"过"的页，断舍离，直接删除

*此处是备注区，请备注数据定义、数据时间周期、数据提取来源渠道，以及其他需要特别说明的点，建议使用深灰色，突出主次。

以上几点看上去都是细节，其实全部都是报告的基本功。笔者毕业后最初的8年基本都在外企工作，老板还碰巧都是严谨的处女座，从"空格似乎多了一个"到"这里有个错字""前后位置不一致""箭头角度不对"等诸多细节均要求100%"完美"，最基本的要求就是数据不允许出错，做到零错误率（这样

严格的要求在互联网企业几乎不存在）。虽然这些要求可能会被诟病为"过于形式化"，然而，笔者认为，养成高标准的输出习惯，练好报告的基本功，具有非常长远的意义。

此外，有一点比较重要，被称为"非必要复杂"，笔者想重点提一下。

分析报告并不是越复杂越好，只有解决问题的分析报告才是好的分析报告，如果为了解决问题，不得不使用复杂的方法和方式，也需注意消化和抽离成最简单直接的内容，这是最考验分析师功力的，由简单到复杂，再由复杂抽离到简单。分析师在输出经过"跋山涉水"得出的分析结果时，往往想把中间过程的艰辛也呈现出来，实际上没有必要。复杂性和过程，都不是应用方所关心的。就像"高手一出手就知道有没有"一样，任何时候都不要让"非必要复杂"影响了数据运营的价值发挥。核心是解决问题，不是过程有多艰辛、模型有多精妙。

本质上，最关键的是换位思考，分析师需要避免始终站在自己的视角和立场上思索问题，还需要从应用方的角度去思考结果该如何呈现、故事线该如何梳理。

下面介绍一下分析思维框架（如何思考）。

在做分析框架抽离的时候，需要先"破题"，从拆解需要解决的问题开始。例如，对明年的销售额增长进行规划，首先需要架构销售额来源因素。此处以婴幼儿商品市场为例，如下图所示。

驱动因素	增长率
新生婴儿数	+0.5%
城镇化	+1.0%
品类渗透	**+5.0%**
价格上升	+3.0%
· 自然增长	+0.8%
· 购买升级	+2.2%
年增长率	+9.5%

在 A 公司，婴幼儿商品市场的来源受到新生婴儿数、城镇化、品类渗透、价格上升的影响，其中，价格上升分为自然增长和购买升级，自然增长可以理解为 CPI（Consumer Price Index，消费者物价指数）影响。如果是食品行业，则参照 Food CPI 来看。

通过增长拆解，很快发现销售公司可以左右的因素为品类渗透和购买升级。

品类渗透通过提升全国城市覆盖率、线上商户覆盖率、线下门店覆盖率实现；购买升级则通过新产品升级来实现。一个用于考核销售团队，另一个则用于考核市场产品团队。在这样的拆解下，增长来源、增长可作用要素就自然显现出来了。在增长规划中，需要聚焦如何提高品类渗透和购买升级来部署策略。

比如，想要提高品类渗透，需要先对城市进行分级，然后根据不同级别城市现有的渗透率和市场潜力，制定新一年的渗透率规划，并反算是否可以达到年度增长目标。对于购买升级，则需要推演出新产品在总销售额中的占比（新产品/所有产品），从而推演出对整体商品价格提升的作用有多少。

用一句话归纳分析报告的基本功和展示形式：从全局到细节，从顶层到最小单元，把业务在大脑中推演一遍，然后抽离出最关键的信息点，从业务视角把关键点串起来，形成结构整齐、逻辑清晰、前后一致的报告。

6.3　如何确认模型可用

本节思维导图

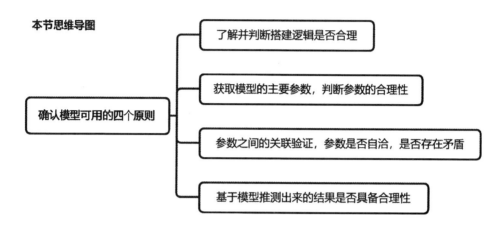

在解决具体的分析问题时，经常会遇到如何搭建一个模型及搭建的模型是否适用于业务的问题。这里我们可以利用"确认模型可用的四个原则"去判断一个模型是否可用。

确认模型可用的四个原则如下图所示。

确认模型可用的四个原则

*以基于用户数量的销售预测为例

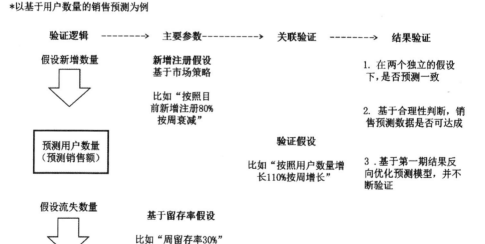

- 了解并判断搭建逻辑是否合理。

- 获取模型的主要参数，判断参数的合理性。

- 参数之间的关联验证，判断参数是否自洽，是否存在矛盾。

- 基于模型推测出来的结果是否具备合理性。

例如，我们在进行业务发展预测的时候，会通过新注册用户数量和流失用户数量进行用户数量的预测，再基于用户数量计算出销售额。在建立该模型时，就会按照以下公式去推演。

新注册用户数量 − 流失用户数量 = 留存用户数量

留存用户数量 + 原有用户数量 = 预测用户数量

这个公式里的主要参数为新注册用户数量和留存用户数量。

留存率可以用新注册用户的实际留存率进行调优试用，而新注册用户的数量则需结合当期的市场策略去做估算。

在确定主要参数后，需要注意确定最少变量，以及避免关联值进入变量假设。

确定最少变量的原因是，由于变量大都是基于假设的，增加变量会在很大程度上增加预测的不准确性，需要抽象出最核心的变量，进行假设或者评估。

对于关联值进入变量假设，这里进行举例说明，通过新注册用户数量的预估和留存率就可以基于现有的用户数量来推演未来的用户数量，可是如果我们再假设或者设置用户数量的增长，相当于加入了关联值，可能会出现矛盾的情况。我们在实际业务中经常遇到的场景是，新注册用户数量在不断衰减，却设置整体用户数量不断增长的目标，这个目标需要提高留存率才能实现，这时就会跟留存率的假设值产生矛盾，或者使留存率进入不合理的区间范围。比如，根据历史数据，新注册用户周留存率在10%左右，如果在后期推演中，新注册用户周留存率需要达到90%才可以达到用户数量的目标，该模型则无法适用，因为参数不具备实际业务意义（90%的留存率难以达到）。

除此之外，还可以通过替换模型进行双独立的假设验证，也可以根据业务经验，直接检查推演结果，判断结果是否可信。把模型应用于业务之后，持续监测模型结果，评估模型的预测准确率，并不断优化模型参数，甚至替换模型变量。

模型是否可用，并不建议使用以上单一的方法验证，特别强调一下，不能仅仅通过结果验证。即使是"老司机"也有"马失前蹄"的风险，核心还是用搭建逻辑、主要参数、关联验证的方法去验证模型是否可用，最终确认模型并应用于业务中。

6.4　如何归纳出可用的结论

本节思维导图

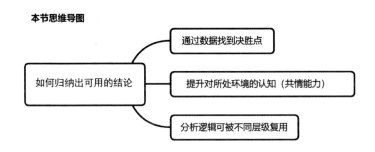

最开始，专业的分析师被要求无偏向性地描述事实。目前这一情况正在发生变化，可以结合动作的结论才是有用的结论。

这里需要阐释一点，系统中有很多指标和数据，在真实的商业环境中，分析师必须指出哪个指标是现阶段最重要的，并可以从上到下以极简指标"击穿打透"。这一能力类似熟读兵书、对兵法倒背如流，在战争中是没有用的，通向战争胜利的往往是一条极窄的路，能说出决胜点的分析师才是真正可以在实战中拿到结果的分析师。而这个决胜点，最后的输出很可能只是一个简单决策，这一决策可以很快被解读并传播，被全体成员执行。背后也需要分析师透彻的解读和沟通说服技巧。

有时候一线的员工会经常反馈总部变来变去，总部的员工却完全感觉不到。这是因为总部的人没有察觉到（背后的根本原因是共情能力的缺失），总部层面的一个小指标的改变，随着逐级向下，就会变成"惊涛骇浪"。在分析维度上不断重构指标，从分析上看没有问题，只是在数据运营层会引起巨大灾难，因为底层数据没有办法灵活地变动，加上历史数据都需要重构，在实际落地和运营上，会耗费巨大成本。可惜做顶层架构分析的人往往考虑不到由顶层到末梢的运营成本。

归纳一句要点：如非必要，应尽量使用现有指标解决问题和提出结论，以保证结论可以结合动作。

一般来说，分析结论在不同组织、不同地域不能简单复用，公司各级别在认可总部得出的结论之后，可以再根据自己的实际情况，用统一的分析方法，得出大结论框架下各自的小结论。下面举个例子进一步说明。

用户主要来源于新开发、唤醒沉睡用户和不断让始终购买的用户多买。不同的商品和行业，当处于不同的阶段时，都会重点拓展其中一部分用户。而用户的贡献值就是增长的另一个来源。归纳一下，要么不断地扩大用户池，要么不断地提升用户购买金额。基于这一逻辑，在做完分析后，就可以在全国层面得到一个结论：本周增长乏力，主要由于周活跃用户数下降，需在提升活跃用户数上聚焦。你会发现，这个逻辑和结论，似乎各级都可以使用、复用。信息极简，利于传递，兼顾逻辑，就像大风吹不倒的房子，十分坚固，经得起挑战和验证。可是，这一结论是否适应于每个城市呢？可能有些新城市周活跃用户数不断上升，反而用户周购买金额需提升。在多元化的环境中，城市就需要按照同样的分析逻辑：从周活跃用户数、用户周购买金额去看自己城市的机会点在哪里。

归纳一句要点：好的分析结论不仅极简，而且其对应的分析逻辑适用于不同情况。这样才能使得该结论在被管理层认可之后，有被应用推广的可能，而不仅仅是一个"浮在空中的结论"而已。

除此之外，结论还需要有具体的动作建议。比如，某个地域的周活跃用户数出了问题，是核心池子中的用户少？还是留存不佳？不仅极简，还需要说了之后，让对方感受到该怎么去干。最后，还需要说明的是，如果按照结论去做部署，预计可以增长多少，从而为执行方设定目标。好的结论就像黑暗中的明灯，照亮"混沌"的信息，发现问题的真相。

6.5 如何开展高效的数据培训

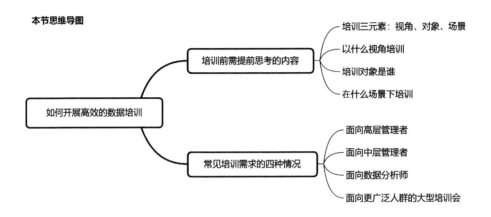

笔者在过往的经历中，对内、对外都开展了一些分享或者培训。在这个过程中，笔者发现，为了准备培训的内容，往往需要自己先"吃透"要讲的内容，这种"吃透"的程度，跟在自己脑海中理解的"吃透"完全不一样，一些笔者以为已经完全熟识的内容，在真的对外讲的时候，才发现有些细节经不住推敲。在培训的交互中，也从受众方获得了更多的视角，从而对很多已知内容又有了新的认识。

笔者开始对外分享数据运营是在 2016 年的时候，当时通过在行进行过一对一的沟通，预约沟通会面的需求方主要为企业高管、投资公司等。在与高管沟通完之后，往往会被咨询是否可以去公司给员工做分享。后来，陆续组织了几次企业内部的分享和解决方案的沟通会，也在技术论坛和学院里讲过数据商业化的内容。最近的一次分享是在公司内部给大约 700 人讲数据如何在商业中发挥价值。

笔者每次都会根据场景和听众的不同，对内容做一些适应性调整，提前沟通对方需要的内容和感兴趣的话题，几场分享培训下来，积极的反馈较多。这里也提供一些沉淀的经验，希望对企业内部数据人员开展数据培训、赋能组织有所帮助，如下图所示。

做数据培训需要提前思考的内容

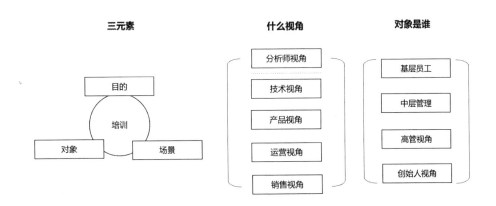

- 提前沟通需求，了解培训场景和目的，基于场景、对象和目的三元素调整分享内容。

- 内容不建议太复杂，以"师傅领进门"为主。

- 针对具体的问题，快速反馈核心点，手把手协助培训对象打通"盲点"。

- 简单的案例用于现场互动。

- 保持生动化与幽默的风格。

- 简洁的演示材料。

数据分享培训与其他分享培训最大的不同在于，多元的内容和多样的视角。由于数据科学是应用性和专业性融合的学科，需提前降低一次数据培训可以多方受益、满足多方需求的预期。

商业分析已经在本科、研究生教育里开设了专门的专业，很难通过一次分享或者培训让各方学会如何做分析，核心是"共启愿景"，激发兴趣，然后通过"领进门"，让感兴趣者先动手做起来。一旦有了实践经验，成长往往一日千里，需避免只在脑海中演练，一切还是需要动手做起来。

在开展每场培训前，建议跟培训的组织者沟通了解以下信息。

- 组织这场培训希望达到什么目的？

- 培训的对象是什么人，画像是怎样的？

- 培训的形式是怎样的，现场培训还是视频会议，圆桌讨论还是剧院式？

根据笔者过往培训的经验，常见的培训有四种。

第一种是希望了解数据整体的发展情况，以及在企业中是怎么发挥作用的，这部分培训需求方多为创始人或者 CEO，形式往往是一对一，交互场景居多，一般在咖啡厅或者茶室。

第二种是一对多，人数在十几人，多为企业中高层管理者。在这种情况下，形式主要是圆桌会议，也可以保持一定比例的交互（基本上有 50% 的互动率）；在培训内容的设计上，需要有纵深感，从行业发展一步步切入其所在的领域，其他公司的情况怎么样，成本收益大概是多少。这些都是中高层管理者最关心的话题。时间约 1~2 小时，有时候会到 3 小时。

第三种是希望学习具体分析方法的人群，主要是在企业内部从事分析工作的人员。这类培训的形式往往是一对多，人数控制在 20~30 人，使用讨论组的形式，每组 5~6 人，在培训过程中提供真实的案例供学员分析，时间较长，往往需要 4~8 小时。在培训前，还需要提前了解其所在的行业和想通过这门课解决什么样的问题。这里需要注意，核心是要解决什么问题，然后提供给对方整套的解决方案。在这套解决方案里，包含问题背景、逻辑体系、核心指标、判断方法、主要结论和跟进/监测建议。手把手地针对具体问题给出解决方案。这样的培训方式对讲师的能力提出了更高的要求，每一次培训都是对讲师能力的试练，也可以提前准备好固定的分析案例，用于学员现场分析。在分析案例的选择上，一定要以简单聚焦的案例为主，核心是打好基本功。

第四种是最难以把控质量的、人数为几百人的大型培训。这个时候，建议选择以科普为主的培训材料。核心是讲述数据行业发展、数据人才的价值等，大型培训很难针对培训内容进行深入讲解和探讨，由于人数众多，如果展开讨论，则需要讲师对现场有极强的把控能力。一般此类培训的目的多为"思维重构式"培训，用于企业快速地激发组织内部对数据价值的认知提升，助力企业的数字化转型。这类培训可以选择在线视频会议的方式（因为以讲师讲解为主），不过如果有条件的话，也可以选择剧院式的演讲场合，便于讲师对局面的把控，也可以激发出讲师在不同场景下的灵感火花。

不同的人有不同的视角，一般技术人员和产品经理对于结合业务的数据化思维更感兴趣，运营人员对于如何通过技术和产品提升运营效率更感兴趣。分析师会对内容有更高的要求，希望了解最前沿的信息和实用的分析方法。而销售人员对于数据可以产生的业务价值、带来的收入增加最感兴趣。所以在针对不同的人群时，也需要强化对方感兴趣的内容以提升培训的效果。

以对象感兴趣的内容和最易于接受的形式，协助对象建立起数据化思维体系是最终的目的。对不同层次的员工来说，基本可以按照"基层员工讲技术、中层员工讲方案、CEO讲体系、创始人讲价值"的原则来开展培训。培训和分享对于组织提升数据运营能力很有帮助，希望大家可以在公司内部把数据培训和分享做起来，以促进组织整体运营效率的提升。

6.6　小白分析师快速上手需要的一点基础工作

本节思维导图

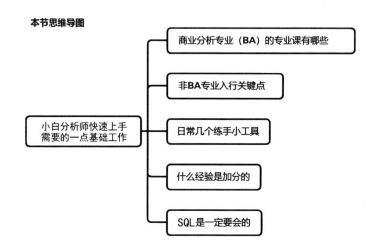

本节的灵感来源于一位大学三年级的学生，他的专业是电子商务，想在毕业以后从事数据分析工作，却从来没有类似经验，连实习经历也没有。在跟他沟通的时候，笔者了解到他虽然也上过相关的专业课程，不过不知道该如何应用到实际的工作中。

虽然大学里学过类似课程，但是上手时依然一筹莫展，也有不少同学在这个阶段就打了退堂鼓。本节就是针对这部分人群的一份非常简单的上手指南，就连技术小白也可以轻松上手。先降低门槛把感兴趣的朋友"领进门"，然后通过自我实践，在日常工作中，判断自己是否适合这个行业。本质上笔者还是希望更多年轻人加入商业分析或者数据运营领域，助力行业的快速发展。

先来介绍一下商业分析专业会教授哪些课程，对于本科或者研究生专业不是商业分析的同学，可以了解选修哪些课程或者去听课，学一些实用的技术。

虽然 Business Analysis 和 Business Analytics 一般都翻译为"商业分析"，

不过在课程设计上会有明显的不同。

Business Analysis 和 Business Analytics 的对比如下表所示。

学科名称	课程设置	毕业前景
Business Analysis	传统商科课程，比如经济学、财务	项目管理，流程分析，对应传统商业公司
Business Analytics	新兴学科，R/SQL/Python，数学建模，决策科学	数据挖掘，算法，对应 IBM、Google 等公司

商业分析（Business Analytics，BA）是这几年由于大数据快速发展开始兴起的热门专业，培养学生商业知识、数理知识、计算机编程技能等，未来从事的工作主要是从数据分析出发优化决策和流程创造价值。如无特殊说明，下面的 BA 均指 Business Analytics。

截至 2020 年，美国 TOP200 大学中大约有 60 所学校开设了商业分析专业，这一数字在 2017 年是 30 多。商业分析专业有时候会设置在工程学院及信息学院，对于申请者的数学和计算机背景要求都较高。

商业分析专业以就业为导向，毕业生目前在就业市场上缺口很大。根据 2017 年的数据，商业分析师起薪每年在 8 万美元左右，即使在美国，也属于高薪职业，随着各行各业数字化的发展，其前景长期被看好。在行业选择上，可供选择的有银行、快速消费品、能源、医疗、保险、制造和药品等行业。

由于以就业为导向，因此课程设置以实用为主，会教授实用的编程语言（如 SQL、Python、R）、数据库基础知识、统计软件的使用（如 SPSS、SAS、Minitab）、建模等。在招生方面，学校一般会鼓励有数学、计算机、工程背景的学生申请。

中国香港科技大学商业分析硕士研究生课程长度为 1 年（2 个学期），课程有大数据分析、R 语言商业分析、商业建模和优化，信息经济学中的消费者隐私管理、数据分析、商业分析概览、风险和运营拟态分析，商业决策中的可视化分析、大数据工程、商业分析实习、VBA 商业建模、数字化营销策略和分析、电子商务和线上分析、财务分析，商业应用中的高维数据统计、运营分析、项目管理、商业分析专题等。

根据偏重的基础学科不同，课程分类如下表所示。

数学	IT	商业
大数据分析	R 语言商业分析	信息经济学的消费者隐私管理
商业建模和优化	商业决策中的可视化分析	商业分析概览
数据分析	大数据工程	商业分析实习
风险和运营拟态分析	VBA 商业建模	数字化营销策略和分析
商业应用的高维数据统计		电子商务和线上分析
运营分析		财务分析
		项目管理
		商业分析专题

分类后的课程按明显的基础学科分布，横跨三个基础学科，也就是本节强调的三方面能力：分析能力、技术能力和业务能力，对应数学、IT、商业三大学科的课程，是真正的跨学科人才培养方向。

如果你不是商业分析专业的学生，学了相关的学科，想成为一名分析师应该怎么办？

首先，笔者建议你积累一些"大小厂"数据分析实习的经验，数据分析是一门应用性很强的学科，对比没有实习经验的应届生，有实习经验的应届生的优势会非常明显，也更容易上手。

其次，你需要具备运用几个常用工具的能力。

- 会用 SQL 提取数据，熟练最好，用 Navicat 进行大量练习。

- 会用 Excel 常用函数，使用 Excel 进行统计的时候，如行云流水。

- 会用 Thinkcell 制图，实现可视化展示。

- 会用 Tableau/powerBI 进行分析，以适应大多数公司外购或者内部研发的图表工具。

此外，你需要具备以下能力。

- 大学期间独立完成过案例分析报告。

- 具备很强的沟通能力。

- 具备很强的逻辑思维能力，在任何压力环境下，以及从各个角度都可以清晰地讲清楚报告的故事线。

如果你想快速上手，为成为一名分析师或者数据运营人员打好基础，按照以上路径去做，基本上可以加分。对于 SQL 较弱的小白，推荐快速学习以下语句的基本结构。

- Select

- From

- Left/Right/Inner Join

- Where

- Case when then else end/if

- Having

- Groupby

- Order by sth desc

- Count

写完语句后，判断语法正误，可以使用在线的 SQL 语法检查工具进行检查。

6.7 做数据工作如何好好沟通

本节思维导图

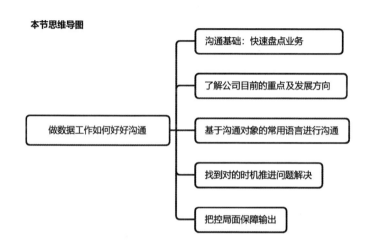

我们在跟数据人员沟通的时候，会很容易感觉到对方清晰的思路和准确的用词。不过有时候也会被业务人员评价"怎么就不能好好说话"。作为一名数据人员，除了面对一堆数据，最经常遇到的场景就是与各部门沟通。为什么要单独用一节来介绍数据运营沟通方法呢？是否有这个必要呢？答案是十分有必要。由于数据人员需要面对的部门非常多，几乎要横穿所有体系，纵向上还要从全局到细节。无论哪个部门，从管理层到基础员工，基本上都会遇到。在这样的复杂场景下，如果没有高效的沟通能力和技巧，则直接结果就是"事倍功半"。

那么，做好数据运营，应该如何沟通呢？是否有章法可循呢？这里介绍一些简单的思路和实用的方法，助力大家快速上手。

方法一：沟通清晰，核心是基础要打好——上手前快速盘点业务。

我们发现好的数据人员很容易快速了解业务，可能到一个新环境没多久，就能完成自己对于业务的理解，这是为什么呢？实际上是因为数据人员的工作习惯，他们会快速进行以下业务盘点。

- 有哪些业务线？

- 有哪些核心品类？

- 有哪些商户类型？

- 销售额占比：不同分类销售额占比怎么样？最近 8 周趋势如何？对比去年同期，月环比占比有什么变化，增长慢于还是快于其他分类？

- 毛利贡献：不同分类毛利率怎样？毛利贡献（分类毛利额/整体毛利额）的 8 周趋势如何？对比去年同期，月环比有什么变化？

盘点完收入怎么来、利润谁贡献之后，再了解公司目前的重点，针对重点进行下探信息挖掘及"该重点之所以成为重点"背后的战略，基本上就对关键信息了解得七七八八了。

方法二：人见人爱，花见花开——基于技术、业务、产品的语言进行沟通。

在一场会议中，我们经常看到数据人员对技术人员说，"数据库表里某某表的上游表刷数失败造成下游数据不准"；一会儿又对业务人员说，"数据有问题，技术人员在解决，预计 30 分钟后可用，先别拿去汇报"；然后又对产品经理说，"咱们其实需要建立自动检查底层表准确性的动作，避免此类情况发生到应用表层才被发现"；一边在钉钉上打字给部门老大："销售额数据是可用的，XX 占比提升，XXX 有所下降。毛利率有问题，根据情况判断差异应该在 0.2% 左右，大概率不会影响结论，为了严谨，需要等待 30 分钟，技术人员解决问题之后我重新核算一下，请稍等……"

在自然又快速地进行以上沟通后，数据人员继续打开一份报告，根据最新的公司战略方向进行策略规划的拆解和架构。

想成为一名好的数据人员，不仅需要硬实力，软实力也同样重要。同样优秀的分析，被应用者先行一步，合适的时机、合适的形式、合适的沟通方法，才能促使分析报告发挥出价值。不用等了，先练习练习，跟不同职能的人用他们的语言沟通看看。

以上方法归纳总结为一句话：直击要害，不打诳语——严谨客观的"机器脑"，情商爆表的"业务咖"，正直谦逊的价值观。

是的，以上就是好的数据人员的画像。

作为一名合格的数据人员，一定不是一个"胡说八道"的人，知道就是知道，不知道就是不知道，不确定就是不确定。表述严谨，剔除浮夸。尤其在讲报告的时候，总分结构，多一个字都不说，也不会漏说一个字。定义表述清晰，第一次看到报告的人都能懂。除了报告呈现清晰，讲报告的严谨和客观也是基本功。

那么如何练习呢？首先，需要尽可能多地练习，不仅要在一对一场合练习，还要在一对多场合练习。在众人面前讲报告，不要怕。笔者还记得，刚毕业第二年就开始作为报告主讲人讲报告，在一家乙方公司讲报告时，甲方总经理中途打断，表示"完全听不懂"，现场参与方大约一百多人。笔者立刻道歉，针对重点幻灯片重新讲了一下。虽然对方仍然不满意，不过汇报继续进行了。笔者之前就职的一家外企的 CEO，每次演讲的前一天晚上，都要在台子上练习如何讲，就连讲这句话要走到台上的哪一步都要反复练习。数据运营是一门实践的技能，也体现在这里。

6

讲报告不仅需要讲述严谨，还需要有很强的临场应变能力，针对各方挑战和需求方要求调整分析视角，需保持谦逊有礼，有理有据，就像站在被左右海浪拍打的礁石上，面对一切大风大浪，始终保持内心的风平浪静。

这里就需要沟通法的最后一点：把控局面。

作为一名数据运营人员，因为沟通的都是关键的要点，为了避免局面失控，就需要经常把"聊飞"的人巧妙地拉回来，比如"你说的这个情况实际上是XXX，咱们这次聚焦的是XXX点，刚刚小花提到了一个解决方案，咱们可以继续讨论方案的可行性。"或者"这个信息点已经有结论了，我总结一下，各方对齐一下信息，XXX，我这个理解对吗？"在跟对方沟通复杂信息的时候，需要在描述完之后用"我解释清晰了吗？"代替"你明白了吗？"效果就会非常不同。在时间延迟的时候，提示各方"时间已经过去2小时了，咱们形成的两个结论分别是XXX，还有另一项未解决，需要聚焦解决。"把控局面沟通的核心在于对整个局面各类信息的关注和快速消化提炼，需随时携带笔记本或者电脑，快速进行整理是核心基本功。千万不要小看记录的动作，能快速记录并整理核心要点的人，其对信息快速消化的能力非常强，同时，也是在不断地练习逻辑架构能力。快速将复杂信息进行架构，久而久之，逻辑能力就非常强了。

归纳一句话，要有好的沟通，核心是"对于业绩了解透，专用词汇专业用，直击要害不瞎说，把控局面保输出"。台上十分钟，台下十年功，核心就一个字：练！

7

行业篇

随着新零售的逐步深入发展，线上线下融合运营成为大势所趋，线下零售企业要如何通过数据运营进入线上赛道，线上企业也要研究如何融合线下数据拓宽自己的版图。在融合运营的大环境下，各个场景中积累的丰富数据信息，逐渐形成巨大的数据金矿，等待分析师去挖掘。那么如何在这场数据"掘金热"中保持冷静地思考，哪里有投资的机会，笔者将在本章中给出建议。

7.1　传统零售企业如何快速切入新零售

本节思维导图

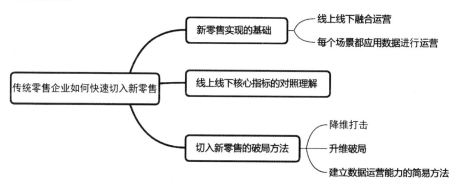

一万家企业有一万种新零售。零售涉及的范围很广，搭建完整版图十分复杂，需要企业有体系化的部署方案。

新零售实现的基础如下。

- 线上线下融合运营，既有线上业务也有线下业务。

- 每个节点都有数据，每个场景都应用数据进行运营。

切入新零售的抓手元素如下。

- 渠道、用户、商品，至少有一个。

- 三个维度的数据库：用户数据库、商品数据库、交易数据库，也可以理解为被高度抽象化的人、货、场。这里的交易数据库包含物流在途、制造商出库、经销商买卖和消费者购买四个环节。

- 三个数据库彼此联通，人（用户、生产者）唯一码、商品唯一码、订单唯一码打通所有数据库。三个唯一码彼此形成关联。在生产体系里，内部角色——人唯一码可以支持"人单合一"的内部运营需求。

- 在数据系统里沉淀业务运营链路和各个节点的参考标准值，形成决策依据。

除了第一项，其余三项都与数字化有关。因此有人提出，新零售其实就是零售的数字化。

通过抓手元素，零售业务在以下两方面不断提升。

- 运营效率：逐渐由人运营升级为数据运营。

- 用户体验：不断解决用户痛点问题。

下面将通过融合和破局两部分来讲述实现方案，想要直接看要点和结论的朋友可以跳至本节末。

问题：传统零售企业快速切入新零售具体如何实现？

回答：需要线上线下融合运营。

问题：怎么融合？有什么不一样吗？

回答：没什么不一样。

新零售的本质仍然是零售。线上线下的商业本质是一致的。为了生动地说明这一结论，我们通过对比线上和线下的核心指标来切入主题。

坪效是线下零售的硬性指标，指每平方米获得的营业额；坪效对应的线上指标是单坑产出。无论线上专有词汇如何"缤纷繁复"，本质上依旧是经典的指标。不同的零售业态都会考虑坪效。沃尔玛、大润发等做商超的，小米、苹果等卖数码产品的，卖房子、做物流的，都会看这一指标。

根据公开数据，小米、苹果和超级物种的坪效数据如下表所示。

（单位：万/平米/年）

小米	苹果	超级物种
27	37	6

线上指标同样要看空间效率。例如，首页焦点图（首焦）等同于人人争抢的 CBD 位置，租金最贵；上首焦，要先评估自己赚的钱能不能覆盖"租金成本"。

对标线下指标的坪效的线上指标是单坑产出：一个坑位（也就是展示位置）的成交额，即单坑产出。坪效和单坑产出的一致性在于它们都基于以下两个重要因素。

- 流量×转化率：有多少用户进店，其中有多少比例的用户产生了购买。

- 客流/访问（PV/UV）。

如果我们把线下行为用线上指标描述，会是怎样的呢？

线下客流 = 线上流量

到店几次 = 浏览次数（PV）

到店几人 = 浏览人数（UV）

线上空间、线下空间都是空间；线上流量、线下客流都是用户流。

那么有什么关键区别呢？

1. 可用时间：线下有局限，线上无限制

线下：无论选址在哪里，线下的可用时间总有一定的局限性。比如，夜市

7

的可用时间在晚上，大多数零售的可用时间在白天；周末最多，工作日一般。

线上：线上流量和时间无限制，线上一天的可用时间更多。虽然也有波峰（7~9点、中午12点、晚上7~9点）和波谷，不过并没有明显的局限性，只要有需要，就可以购买；只要有购买欲望，就能被满足，这一点很关键。

2. 流量获取：线下自带量，线上需投放

线下：线下自带流量，门店辐射范围是线下门店在选址时经常做的研究项目，5km还是10km？然而在线上，不存在这一限制。

线上：跟线下自带流量不同，线上流量触达用户还是要花些工夫的。线上触达用户，需要进行流量投放或者流量运营。

简单来说，流量投放要花钱购买，花钱办事见效快，转化率根据投放渠道的执行能力而有所不同。比如，元宝打开今日头条，看到了饼干公司最新的狗饼干产品推送；狗饼干产品是一家美国公司的，通过线上投放，触达了千里之外的元宝，元宝让七仔在广告链接上完成下单购买，完成了"触达、加购、成交"的转化。

线上流量投放和流量运营使得线上辐射范围更广，辐射范围往往与营销能力、投入费用成正比。

花广告费"砸"增长转化往往是"土豪爸爸"的做法。在实践中，由于流量越来越贵，大部分公司都会选择用流量运营的方式获取流量，花小钱办大事，或者根本不花钱。通过制定规则，可借助企业自身的优势带来一些流量。

3. 数据信息：线下难记录，线上易获取

此处以用户信息为例进行说明。

线下：客流背后的用户信息很难获取，比如元宝去饼干店溜达了一圈，饼干店很难记录元宝的行为信息及属性信息，以及元宝以往购买饼干的喜好。

线上：元宝在网上浏览了饼干店的网站，饼干店一方面自己就可以知道元宝看了哪几种饼干、每种饼干看了多长时间，另一方面还能通过数据合作，了解到元宝是一只爱吃骨头饼干的金毛。当元宝浏览电商网站时，就可以对其进行饼干广告推送，知道元宝喜欢吃三文鱼口味的，就推送三文鱼口味的产品的广告，还精准地依据元宝的用户画像"爱吃骨头饼干的金毛"提示三文鱼饼干有折扣，并提供优惠券吸引元宝购买。

线上用户运营由于有用户信息沉淀，相对具有优势，然而线下的服务体验也可以形成优势。

综上所述，线上、线下各有优势，也都存在劣势，融合势在必行。

- 时间：在线上随时随地都可以购买，无时间限制；而线下的可用时间有局限性。

- 空间：线上流量红利已过，获取流量的费用越来越高；线下自带流量，但物理空间位置很难改变，辐射范围较难突破。

- 用户：虽然线上依托每个用户的画像信息，可以提供连续精准的广告推送；然而，线下可以提供更优质的服务，以提升用户体验。为什么奢侈品、汽车、房产、医疗的购买还未被电商平台一统天下，主要是因为这些行业现已提供的优质、个性化服务难以在线上实现。比如，与客户日积月累的关系的维护、人与人之间信任的建立等。

在明白了线上和线下基本上是一件事之后，我们引入一个常见话题：新零售的降维打击——线上对线下的逆袭。

下面进入破局部分。

先说说降维。线上依托信息技术带来的高效率，在获得高额利润之后，为了拓宽版图，开始积极获取线下客流，并借助线下特有的服务体验，通过收购、合作的方式拓展线下版图，推进优势融合。

而提前入局的线下巨头们，无论是否愿意，都不得不以宽容的姿态迎接线上企业入局。线上企业入局的下半场，有另一个更常见的名字：降维打击。比如小米的硬件零利润，对小品牌的冲击；再比如，阿里、京东对实体店的冲击。

简单来讲，一个做手机的产品工程师，现在被用比做手机还高的薪水请来做一款热水壶；本来用来做火箭的材料，现在被用来做一款结实的杯子。

这种破坏力，就像科幻小说里不同维度的生物开战，高维度生物"吊打"低维度生物。

为什么他们能降维，除了信息技术代表未来，对比传统的线下企业，线上企业多了一个维度：时间。大部分线上企业依托背后的资本力量，可以做到在当下不盈利，在未来盈利。

用一句话对以上现状进行归纳：在资本支持下的新零售浪潮，线上企业花着未来的钱来收购线下企业完成融合。

那么，传统线下企业现在是怎么做的？目前，传统线下企业看到降维打击，为了不沦为线上企业的附属品，纷纷开展升维布局。然而在升维布局中，困难重重。

- 一方面企业文化较重，不能像互联网企业一样"快步小跑"，快速试错。

- 另一方面自己部署线上数字化、IT 基础设施，互联网工程师薪酬福利的高涨也为传统线下企业带来了高昂的转型成本。还记得当年大举撒钱招人的万达电商吗？

本质上，传统线下企业很难放弃现在已经盈利的现状，大举发债融资，并花光未来的钱。

对于传统零售企业来说，要定好基调，无论线上如何变革创新，万变不离其宗，心中不要忘了商业的本质还在。无须"脑热"地开启互联网思维，做好生意本身才是核心，无论线上还是线下。

传统零售企业面对升维困局的破局之道是什么？

升维破局有三个关键点。

1. 突破空间局限性：开小店、快闪店、触角店，突破物理局限

一方面，线上无法即时满足用户立即消费的需要，比如用户路过一家便利店，想买一瓶水或者吃一个雪糕，用户就会立即购买。

另一方面，大型商业体、固定位置门店想要突破辐射范围较难。

融合方案：开小而精或者可以快速移动的门店。

小而精的门店，在过去十年发展迅速，比如 7-11 和全家便利店；而新兴的业态，如每日优鲜，则以 3km 为覆盖范围，覆盖了写字楼和公寓，同时招募合伙人负责送货和运营管理的工作。

快闪店则成为资源效率匹配更高的一种线下形式，为线上和线下获客带来全新的机会。

时时刻刻距离消费者越来越近成为一个重要的趋势。如何离消费者更近，是入局早、拥有线下优势局面的巨头升维破局的关键所在。

小店怎么开，可以通过实地考察，向便利店巨头 7-11 学习。品类管理是一门科学和艺术，需要专门开篇论述，这里不做单独讲解。

2. 抓取线下的优质用户：提供优质服务，提升用户体验

大部分用户为了节省时间都选择线上消费，那么线下还在逛街的是什么人？

优质用户就存在于这部分线下用户里，有钱、有闲、懂生活，重视体验多过价格。因此，就需要做好线下体验，借助自带流量的光环提升转化率，同时通过高品质的消费体验覆盖更大范围的人群。

这个时候，饼干店老板小花跳出来说了：我一个卖饼干的，你让我覆盖多远的距离？

让我们用一家糖果店的例子来解释一下。这间像"查理的巧克力工厂"一样甜蜜的店叫作 Dylan Candy Bar，其位于曼哈顿上东区的旗舰店每年大约吸引 250 万顾客，而这些顾客来自全球各地。

小花说，可我就是一家小镇饼干店啊！

针对类似小花饼干店一类的地域性小店，建议尝试小型跨界、小型迭代。为什么这家糖果店这么受欢迎？因为它把自己做成了一个景点。以用户为中

心，是新零售重要的"道"。融合、跨界，取长补短，为线下优质客户提供优质体验。

3. 不要自建 SaaS + IT 基础设施：别这么干！

如果你是想逆袭线上的线下企业家，请自动忽略这条建议，毕竟你的目标是"诗和远方、星辰大海、行业领袖、时代先锋"。

如果不是以上这种情况，请看一下线上企业高薪聘用的程序员们，有食堂、有下午茶，写代码的时候还不许其他人打扰，薪水高、跳槽快，小互联网企业有几百个程序员，大互联网企业有几万个程序员。

你真的要去跟他们比拼这个？

采购靠谱公司的定制 SaaS，购买 IT 基础设施，最好选择人力、房租没那么贵的城市，不用再花费太多精力，多花一些精力夯实自己的主营业务。

简单点儿，这事没这么复杂。

线上和线下用户打通很难吗？

不难。

合生元奶粉很早就做得挺好的了，通过完善的会员体系、CRM 系统，让线上和线下的购买都得以被监测，在奶粉快消耗完时自动推送购买信息，并为不同的用户推荐不同的优惠产品。

所以，建立会员体系是一个巧妙且有效的方法。

到店的监测，也可以通过线下人员的服务品质统一把控来简单实现。比如店内提示"扫码有优惠"，可以获得基础用户信息，记录购买行为和内容，推进积分和互动。虽然不及线上人人都有画像，却可以借助简单的做法先获得一部分用户信息，以进行试运营。

很多消费者感觉麻烦不愿意积分，对企业来说关键在于制定吸引人的积分运营方案，对于婴儿奶粉这种高单价刚需产品，积分换券就可以激发消费者的积分热情，并促使其进行实际的积分操作，记录购买行为。

通过手机号码匹配，和零售商会员数据库合作也是一种巧妙且有效的做法，匹配上的用户获得完整的画像，匹配不上的用户做用户共享池的合作，共同运营用户。

以上方法并没有依赖高科技，但都会对实际的零售运营管理起到提升效率的作用。

传统零售企业如果想在数据上有所作为，可以先从以下两件事情做起，逐步培养自己的自动化数据运营能力，如有需要，再去建立 SaaS 实现自动化运营。

- 建立一个用户管理方案。
- 与相关方开展数据合作。

在做任何决策时，都需要考虑先以最小成本"试跑"起来，最小化可行产品（Minimum Viable Product，MVP）是"小步快跑"的实用理念，可以避免为了搭建系统（自建 SaaS）而错过产品上市的最佳时机。

本节的要点总结如下。

- 以用户体验为中心，传统线下企业可借助快闪店、触角店，突破空间局限性，离用户越来越近，辐射更多用户。

- 新进入者建议布局整合线下小店，做到"多小散全"——门店多，面积小，分布散，品类全。

- 线上开店的成本越来越高，不如开一家可以提供优质服务的跨界小店，或者流量自运营的小店。

- 融合线上和线下的数字化进程，先从建立简单的用户数据库开始。

- 与制造商、渠道商等多方开展数据合作。

- 不要自建 IT 基础设施。

做生意并没什么炫酷的方法论，只能脚踏实地、循序渐进。

7.2　说一说数据金矿在哪里

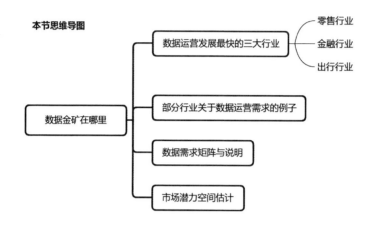

本节思维导图

本节通过笔者的一些真实体验，主要借助向笔者咨询过数据运营问题的行业，来说一说数据金矿在哪里。

零售行业、金融行业和出行行业是数字化发展最快的行业，这里就不特别提示了。除了以上三个行业，来咨询过数据运营的行业还有整容美容、教育行业、音乐行业、母婴行业、影视行业、餐饮管理、中介服务、防水涂料、健身/体育、医疗保健、能源类企业（电力/风力）、车场管理、投资公司。虽然已经列出很多行业，但仍然可能有遗漏。

这些来咨询的人有一些是 2016 年在在行约笔者见面沟通的，有一些是朋友介绍的，还有一些来自学院的前辈的介绍。

眨眼间四年过去了，从当时的评价来看，各行各业对数字化的关注，已经提升到了空前的阶段，然而迸发出的需求却并未得到满足。由于疫情的原因，行业乃至产业的数字化进程被加快了，需求溢出，供给却无法很快跟上。

健身/体育行业来咨询的是一家高尔夫球场，希望搭建数字化的运营平台，为会员提供更好的服务。

母婴行业来咨询的是一家儿童玩具公司，在搭建用户运营、会员管理体系的时候联系到笔者，希望给出用户运营方面数据化的指导。

车场管理行业的咨询是关于数据应用/数据变现领域的。

整容美容行业的咨询是想通过数据更加了解客户，并对整容项目做出精准化的推荐。

音乐行业的咨询是希望通过流程化的手段管理作曲家的产出，并通过数据监测进度，提升效率。

防水涂料行业的咨询是想了解在平台运营模式下怎样才能架构出需要收集的数据。

......

通过与各行各业的人沟通，笔者才意识到数据运营的需求之大，及其稀缺性。不同的行业提出的问题不同，在尝试解答的过程中，笔者逐步形成并沉淀出方法背后的思维方式，用来完成业务层的数据顶层架构。随着数字化不断深入，笔者认为已经形成如下图所示的数据需求矩阵，蕴含着潜力巨大的市场空间。

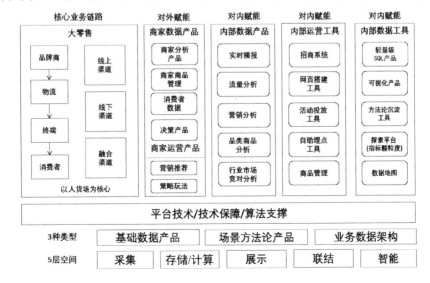

对外：

- 关键为数据赋能供应方的需求。例如，淘宝赋能商家数据应用能力的生意参谋，阿里赋能全行业数据能力提升的数据银行等（应用方：供应商等合作企业，有数据需求却无数据能力）。

对内：

- 内部数据产品的需求（应用方：运营人员）。

- 内部数据工具的需求（应用方：分析师）。

- 内部运营工具的需求（业务与数据相辅相成，任何业务环节都有数据布局）。

从服务的类型上看，会有 3 种类型服务的需求。

- 基础数据产品（基础数据产品类、报表体系）。

- 场景方法论产品（行业通用、定制数据产品类）。

- 业务数据架构（咨询服务类）。

从服务的场景空间上看，会有 5 层空间的需求。

- 采集：负责数据采集、清洗。

- 存储/计算：云服务公司。

- 展示：分析软件公司。

- 联结：咨询公司、数据产品公司。

- 智能：人工智能公司、智能化运营公司。

那么具体市场有多大呢？

我们可以按照企业营业额的 2%来预估数字化需投入的成本，以 600 亿元/年的公司来说，投入数字化的预算大约在 12 亿元。

无论企业还是政府都会有数字化的需求，按照 GDP 来粗算一下，数字化的市场空间将在 1 万亿～2 万亿元。可能你的心中会有疑问，潜力空间会有这么大吗？

数字世界是镜像于物理世界的虚拟世界，数据将用来再造一个世界，其潜力空间可能会远远超过这一预估。

根据工业和信息化部发布的《大数据产业发展规划（2016—2020 年）》，2015 年，我国大数据产业业务收入为 2 800 亿元左右；到 2020 年，大数据相关产品及服务业收入突破 1 万亿元，年均复合增速在 30%左右。这一预估已经成为现实，考虑到还有数以万计的企业、组织尚未开始数字化进程，数据行业的潜力空间值得期待。

根据国际数据公司（International Data Corporation，IDC）的监测数据显示，2013 年全球大数据储量为 4.3ZB（相当于 47.24 亿个 1TB 容量的移动硬盘），2018 年全球大数据储量达到 33.0ZB，同比增长 52.8%。如此飞速增长的数据应该如何应用，将是数据行业最具潜力的发展方向。而数据运营的创业机会则是数据应用行业最大的一块蛋糕，其可以独立于代运营公司的本质原因在于：需要有客观监测的第三方公司。从另一个角度来看，不具备数据运营能力的代运营公司也将逐渐被具备该能力的公司所取代。

归纳一句话，数据金矿已经不局限在一个行业，而是发展到全行业、全产业。无论企业还是政府，数据运营都将为运营工作开启一个全新的世界。

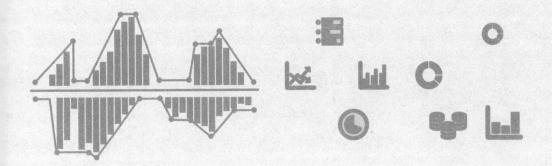

8

思维篇

数据行业的发展虽然呈蓬勃之势，但仍然处于初级阶段。行业的先行者和领军者势必要在黑暗中摸索，不少场景需要"摸着石头过河"，这个时候就需要数据从业人员不仅有"功夫"，还要有底层的"装备"——数据思维。在数据思维下，可以尝试不断突破量化的局限，将越来越多的"版图"加入数据行业。当面对前所未有的挑战时，数据思维也能使数据从业人员依靠内心对数据的热爱坚持下来。

8.1 怎么建立量化体系

本节思维导图

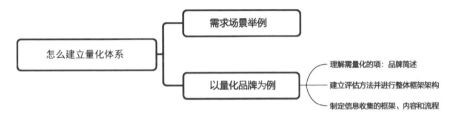

我们在建立企业的量化体系时会遇到如下两类场景。

- 已有基础指标，进行指标梳理。譬如，销售管理部门、运营管理部门都有常规的指标，如销售额、销售量等，按照"基础篇"中的指标内容即可完成体系搭建。

- 没有基础指标，难以数字化。如企业文化、品牌力等，本节主要解决如何对这些难以量化的内容建立量化体系的问题。

那么，如何量化品牌呢？

在把品牌数字化之前，我们需要理解品牌。品牌是什么？

茅台、宝马、高露洁，这些名称为什么会让消费者立刻在脑海中浮现出对应的产品？不仅如此，还会让消费者感受到产品的特性？

品牌就像一个真实的人，具有特征和性格，你可以感受到对他的喜爱或者不喜爱，是否认识他、了解他，看到他的名字，就可以联想到他是怎样的一个人。

当我们谈论一名朋友的时候，可能会这样谈论：

高小花很有名的，我们团队都认识她。——知名度

她就像一个关心所有人的大姐姐。——联想度/关联度

她不仅长得好看，笑起来的酒窝也让人过目不忘。——区隔度/差异度

- 从知晓人的数量规模来判断知名度。

- 联想度/关联度可以理解为品牌所带来的情感联系。

- 区隔度可以理解为品牌的独特性和功能诉求。

那么如何量化情感联系呢？传统上，可以通过调查问卷的形式收集消费者对品牌的看法；互联网上，可以通过收集（爬取）各类公开媒体上的消费者主动发声的信息（主要渠道有微博、小红书、知乎、视频平台在线评论等）来判断消费者与品牌/产品的情感联系是正向的、负向的，还是中性的。

一般调查问卷会怎么询问呢？

- 是否愿意让别人知道你在用这个品牌呢？

- 是否愿意把这个品牌的产品分享给你的朋友呢？

- 是否信任该品牌呢？

- 这个品牌是否为健康的品牌呢？

- ……

那么这些问题是怎么来的呢？

为了获得这些问题，常用的方式是举行一次焦点讨论组（Focus Group），通过主持人的开放式提问，由 5~7 名消费者相互沟通或者一对一沟通，再由小组分析员或者记录员对访谈进行文字记录或者录像。之后针对访谈内容进行

分析，以获取消费者对品牌关注的信息点，从而获得决定情感联系关联度高的问题，再去进行量化的问卷调研。

对于线上来说，这套流程有所不同。线上的方式可以先投放产品，然后直接观测用户行为。比如，点击人数（Unique Visitor，UV）有多少？点击量（Page View，PV）怎么样？浏览时长有多久？对照其他组的转化效率（点击用户数量/曝光用户数量）怎么样？用户是否转发传播分享给朋友？是否收藏、加购或者产生购买？在商品的评论中，核心词汇有哪些（先爬取评论，然后进行分词，筛选出关键词并计数，再按照被提及次数进行排序，对于该产品消费者提及最多的关键词有哪些？是"好吃""漂亮"还是"高科技"？通过这些关键词，了解消费者的心智）？

以上只是技术的不同，但都是在量化体系的框架下，也就是需要先做整体架构。

在收集到问题的反馈后，我们开始对答案进行评分。比如，知晓度70%是多少分？传播情况怎么评分？是否有明显区隔（消费者可以联想到品牌想传达的信息点的数量占比）？最后通过确定和调整权重，基于调查问卷的答案进行统计，就可以计算出品牌的得分。

这样一整套流程就是对非量化的内容进行量化的过程。

在实际工作中，整套流程会更加复杂，也需要更加严谨的设计和执行。而且随着技术的不断迭代，在后期的抓取评论分析中，有些还可以实现自动分词，无须提供预设的关键词，直接由算法替人来判断评论的含义，输出消费者对该类话题或者该类品牌的认知。这一类分析一般属于舆情分析，也应用于语义识别，属于基于文本进行数据挖掘的领域，也属于人工智能应用的场景。

归纳一句话，对非量化的内容进行量化，关键是先对要量化的内容进行逻辑拆解、概念设定（比如把品牌拆解为知晓度、美誉度和区隔度）。在概念设定时，要注意可被量化性。对于这部分内容，我们起个生动的名字：思维桥接指标。正是这样的指标架构把虚拟数字世界和真实商业世界连接到了一起，从而万物皆可被量化、被连接。

8.2　数据的有趣之处和挑战

本节思维导图

对于喜欢思考的人，数据是非常有趣的，就像天生擅长游泳的人，总是想跳到大海里一样。热爱数据的人往往只有两条路可以选择：希望在信息的深海里寻找真相，或者在这个过程中，耗尽自己的兴趣。

当信息涌来的时候，收集并形成结论的能力，让分析师不自觉地在任何时候都进行信息的提取和处理，就像一个永不停止的 CPU。

通过数据分析，企业人员既可以得到更高格局的视野；也可以看到过去、未来；还能深入显微镜下了解细枝末梢；甚至可以换个角度，探索未知的领域。有时候会通过一个微小的线索，最后破解一个复杂的案件。

以上都是数据有趣的部分，是每天起床的动力。犹如"咖啡成瘾症"，数据分析师很容易"信息成瘾"，不自主地渴求信息并不断进行消化。

数据的有趣之处驱动人才不断加入数据行业，但也会面临很多挑战。

对于数据的挑战性，笔者归纳为以下几个方面。

1.　企业不重视

虽然数据在企业里扮演着越来越重要的角色，可是大部分企业主只是把数据作为"锦上添花"的角色，多数时候数据成为"决定确定之后验证式分析"

和"决策确定后用来说服其他人"的工具，这样的做法十分危险。数据分析师的工作是全面客观地评估企业的健康情况，从这个角度来看，更像企业医生。虽然企业主作为企业的缔造者可以根据直觉判断大部分事情，但是随着企业规模越来越大，企业主的精力越来越有限，为了更客观地掌握信息及避免主观性误判，数据分析师就像企业主的眼睛和处理信息的助手。我们在大多数企业可以发现商业分析部门的负责人往往非常稳定，其稳定程度甚至超过 CHO 和 CFO，原因在于这个岗位的人员不仅需要能力和经验，还需要与企业主的默契，甚至需要一些缘分。

当分析师遇到不重视的领导时，其才能的发挥会大打折扣，就像一台 i7 处理器的电脑遇上只爱玩扫雷的同学，玩扫雷的同学并不会觉得用 i7 处理器和 286 处理器的电脑玩扫雷有什么明显的区别，i7 处理器也无法发挥自己的运算价值，只能等待替代者的超越。

从目前来看，笔者认为这是数据发展的最大挑战，即数据人员的能力得不到发挥。企业投入的资源，实际上被浪费了。解决方法在于，统筹数据部门的人员，除了需要自己是专家，最需要具备的技能是懂得如何发挥数据人才的价值。

2. 专业能力挑战

这里的专业能力指技术能力、分析能力和行业经验。

- 技术能力：包括 SQL/Python 语言能力、统计建模能力和算法能力。以上技术需要有一定的数学和计算机专业基础，多数人是在本科/研究生教育阶段可以打下良好基础的。

- 分析能力：常用的分析方法会跟着行业走，这里用到的分析方法多数来自运筹学、管理科学、市场营销学三门课所教授的内容，同时，需要根据实际业务做内化和融合。

- 行业经验：行业经验决定了对信息的理解深度，这也是数据分析中的核心"七寸点"。获得全面的信息不难，难的是在每个决策点都做出正确的取舍，行业经验就是作用于这一环节的。

具备以上三项能力的人会具备在数据海洋里遨游的能力，一开始也会遨游得非常开心。不过，由于数据科学是新兴学科，总在不断产生新的东西，这就要求数据分析师不断学习，永不停歇。

专业能力和持续成长的能力是数据分析师面临的第二大挑战。笔者在面试每一位有志于从事数据分析工作的同学时，都会与之沟通其对数据分析工作的看法及是否热爱该工作。一方面是鼓励他们"跟随自己的内心"，另一方面，不热爱数据的同学会在这一挑战过程中，承受巨大煎熬而无法感受到其中的乐趣，很难坚持下去，导致中途离场。犹如培养医生和飞行员，中途离场造成培养成本的巨大浪费，希望每一位从事数据分析工作的同学都能真心喜爱该行业，具有行业责任感，坚持下去，不断精进。

3. 有趣后遗症——无趣的阶段

数据工作也不是时时刻刻都有趣的，也有很多无趣的阶段。通过与分析师沟通，无趣的情况主要如下。

- 做重复的工作（比如提取数据、固定模板监测报告）。

- 当出现沟通障碍，或者对方无法理解其想法时。

- 召开无意义、信息量少的会议。

- 对分析的内容驾轻就熟，很难突破。

在以上情况下，分析师就会陷入无趣的阶段。当遇到第一类情况时，可以通过打造灵活的数据产品支撑数据提取和固定模板监测报告的需求。出现沟通障碍时可以查看"数据运营沟通法"相关内容。遇到召开无意义、信息量少的会议和对分析内容驾轻就熟的情况时，一方面建议分析师保持"空杯心态"，仍能发现大量可提升自我的情况；另一方面把提升效率及带领公司整体人员挑战更高效率的应用作为自己的责任，成为驱动公司数据运营能力提升的"火车头"，增强责任感。以上动作，都可以在无趣的阶段为分析师带来新的突破。

总结一下，通过数据看到真相让每一位分析师都欣喜不已，只是中间路途艰辛，希望每一位小伙伴都可以不断提升自己，在数据运营的路上走下去。

再版后记 数字化转型路径与案例分析

2020—2022 年是数字化转型逐渐被机构企业、社会组织认可的阶段。如果说 2020 年之前，推动数字化转型的力量是技术进步，那么自 2020 年开始，这股力量已经更迭为时代机遇。在 2020 年之前，我遇到的最多的咨询问题是："数字化转型是什么？有什么用？"在 2022 年的今天，短短 3 年，这个问题已经变成了："我们要做数字化转型，应该如何做？"

早在 2008 年，"大数据"这一词汇就开始进入公众视野，在 2009 年成为互联网技术的热门词汇。《自然》杂志也在同年推出了"大数据"专栏。

随着互联网技术的不断渗透，越来越多的企业加入数字化转型的浪潮。自 2015 年开始，我便提出一个判断："数据是软件的后半场，而这个后半场也终将颠覆现有格局，在变化中诞生出新的巨头企业。"

这个判断正在逐渐变成现实。区块链本质上是数据技术，而火热的 NFT 在我看来也是数据确权的基础。

这些迹象都在强烈地彰显出一个数字时代的大门正在缓缓打开，在我写下这段文字的时候，我的耳边甚至可以听到，数字革命的大门打开后，数字改革者的冲锋呐喊，前赴后继，势必推动人类的科学技术再深入无人之境，冲破历史，革新未来。数字新世界，就在你我的眼前。出生在这个时代何其幸运，在有生之年，我们又会遇到何其壮阔的数字大航海时代。每每想到这个判断，总是忍不住热血沸腾，无法平静。何其幸者，可以成为这一时代波涛下的小小浪花。

然而，在这慷慨激昂的情绪之下，也会遇到复杂多样的严峻考验。这些考验就像一盆从头浇下的冰水，让笔者热血沸腾的心平静下来、冷静下来，再次严谨、仔细地审视这些挑战。

基于以往的实践经验，笔者把数据分为五个层级：存储、计算、展示、联结、智能。各地拔地而起的大数据中心解决了存储和计算的瓶颈。各类数据应用、数据服务公司及数据咨询公司不断地积累各行各业产业数字化转型的展示和联结问题。一部分具备 AI 技术的公司率先开展数据智能业务，替代专家和管理者进行自动决策。

在政府的支持及政策的引导下，数据市场的发展如火如荼，数字化转型的机会喷涌而来。2021 年 1 月，中共中央办公厅、国务院办公厅印发《建设高标准市场体系行动方案》（简称"方案"）中指出"发展知识、技术和数据要素市场"。关于"数据要素市场"，方案提出"加快培育发展数据要素市场。制定出台新一批数据共享责任清单，加强地区间、部门间数据共享交换。研究制定加快培育数据要素市场的意见，建立数据资源产权、交易流通、跨境传输和安全等基础制度和标准规划，推动数据资源开发利用。积极参与数字领域国际规则和标准制定。"不仅如此，还提出了"实施智能市场发展示范工程"。"积极发展'智慧商店'、'智慧街区'、'智慧商圈'、'智慧社区'，建设一批智能消费综合体验馆。加大新型基础设施投资力度，推动第五代移动通信、物联网、工业互联网等通信网络基础设施，人工智能、云计算、区块链等新技术基础设施，数据中心，智能计算中心等算力基础设施建设。"2022 年 10 月，浙江省杭州市试点推行首席数据官制度，在 115 家直属部门企业设立专职人员，这些专职人员包括首席数据官、数字专员，为数字政府建设整体推进提供重要人才保障。从政府到机构，再到企业，甚至个人，都深度参与进了数字化转型的进程中。在看到转型蓬勃生机的同时，我们还需意识到，数字化转型仍面临着巨大挑战：转型伴随着极大的失败风险。在现如今的 VUCA 环境下（VUCA，Volatility 易变性，Uncertainty 不确定性，Complexity 复杂性，Ambiguity 模糊性），这一风险让企业在选择转型时变得更加慎重。为了提升数字化转型的成功概率，避免企业在转型中引致更大风险的同时抓住时代机遇，我们需要对数字化转型解决方案及转型的真实案例有更加深刻的理解。

为了解决这一问题，本次再版特别增添了关于数字化转型的内容，旨在坚持本书"数字化转型最实用操作手册"的定位，为读者提供真实有效的数据解决方案，助力企业数字化转型成功。

以下内容由真实的数字化转型案例、企业真实咨询的问题和笔者给予的反馈组成。对比抽象的方法论，案例更加鲜活易读，利于数字化转型的理念传播。数字化转型不仅仅依靠技术，更多的还需要依靠人与组织。只有企业里的人认知革新，组织完成相应的配套升级，数字化转型才有可能最终成功。否则，数字化转型的技术投入就像购买了一台精妙的仪器，却没有打开开关。本次再版增添的案例内容，将为企业打开这台精妙仪器的开关，让数据和数据价值真正在企业内部流动起来。

依据笔者亲历的企业数字化转型项目，从规划到最终融入企业的日常工作发挥价值，大约需要两年时间。然而，并不是每个做数字化转型的企业都可以转型成功，其中绝大多数都会面临投入巨大却毫无价值产出的局面。更有甚者，搭建基础设施的投入拖垮了企业的主营业务发展。那么，如何可以提升数字化转型成功的概率？

　　企业在正式转型前需要充分理解数字化转型将带来的价值。 数字化转型至少在三方面具有显性价值：营销效率提升带来的收入增长、运营效率提升带来的成本降低及创新模式带来的颠覆式红利。不仅如此，其不易被察觉的隐性价值则会在更长时间周期内推动企业乃至产业的健康稳健发展。隐性价值包含知识体系沉淀，以及智慧型组织、智能组织升级。

　　实现数字化转型的路径如下：数字化转型前期，需要用最小成本让转型企业看到数据价值。在这个阶段，需要提供三个产品、两个服务。三个产品分别是营销数字化产品、运营数字化产品和数据智能化产品；两个服务分别是数据人才招募（包含数据整体团队的规划和搭建）和数据组织培训。为了有针对性地为转型公司提供解决方案，需要至少从四个方面对企业进行刻画：业务角度、人力角度、系统角度和数据角度。

　　首先需要开展梳理。如果对转型痛点和价值体现暂时没有梳理清晰，就一定要先做诊断规划。在这个环节，需要了解企业或者机构的转型背景、现有痛点，诊断出核心问题并发现机会点，制定出转型的路径和具体做法。完成转型的全局规划，并从细节小处入手，打出最佳实践的案例，提升组织对数字化转型的信心。从全局到细节，把数据的价值显性化出来，组织看到希望才会更好推进。

　　在完成梳理之后，需针对企业最高管理者、高管团队及中基层员工展开调研，更加立体地刻画出企业所处行业的情况、企业业务模式情况及人员组织系统搭建情况，再结合企业最高管理者对企业未来的战略规划，完成至少三份概览图：产业核心模块和业务场景概览、企业业务模式和唯一关键指标拆解概览及业务动作量化概览。依据概览图里的业务场景和量化指标，梳理出现有或者未来会为业务创造价值的数据需求。从采集层开始规划设计，包含数据治理、数据指标、数据模型的规划，并模拟出最终的决策结果，来完成数据价值输出的闭环。

在完成这一全局规划之后，联动业务专家和对企业组织内部熟悉的员工共同在业务模块、场景中找到适合验证价值的最小闭环场景。甚至一开始都不需要上系统，用手工数据去模拟一遍是否可以产生价值。如果验证答案是积极的，那就只剩下解决数据效率的问题。这个时候再开始搭建数据系统，则可以最大限度地保证数据系统的可用性。由于数据价值已经被验证，再上数据系统之后，组织也更加容易接受。从而由内而外地焕发出转型的勃勃生机，甚至不需要外力推动，就可以自己不断发展。随着一个个成功的小闭环在整体规划的框架内不断积累，就像一个个打磨有效的零件，彼此紧扣在一起，形成更大范围的闭环，直至完成整个公司的全面数字化转型。

根据以上路径推进数字化转型，可以**将需要长达两年的转型缩短为六个月**，极大地提升转型效率及转型成功概率。

最后，数字化转型本质上是**管理和决策**的升级，对应的产品也可以归属管理工具，对应转型完成之后，管理效率也应会大幅提升。如果做完数字化转型后，组织仍然感觉对于日常工作和未来发展不清晰，基本可以判断转型是失败的。

除了需要先做全局规划，同时从细处着手，数字化转型的企业还需要协同企业内部资源对每一个细化的业务问题进行解构。下面以一个真实的咨询问题协助读者生动地体感具体问题的解构。

某国企关于如何缩短物流环节时长的咨询："如何缩短环节间的时长，目前报表和监控体系也有，外部系统也有，报表以扁平报告为主。可是整体来说，效果不是很好，应该怎么办？"

针对这一类缩短时限、提升效率的需求场景，往往通过以下路径解决。

1. 梳理流程节点和业务模块。这部分预估大部分监控体系和报表体系都会完成。不过体系如果未发挥作用，仍然需要回顾这部分的合理性。

2. 制定每个节点的时间，提高细分节点的效率。比如物流排线，最优路线，一些预测类的工作需求，这个环节产生价值的关键是分析和算法，分析确定参考值、区间值，算法用于预测类和需要推演的决策。这部分会难一些，也需要业务专家搭建分析方法论和决策方法论，类似把模型放进业务中。

3. 数据、决策的可视化。上文提到的扁平报表，需要更好的可视化的方式来呈现，决策可视。数据可视化是数据领域非常大的独立领域，里面也有很多理论和应用。比如令人印象深刻的南丁格尔玫瑰图将枯燥的资料统计以色彩缤纷的形式展示出来，为方案的通过提供助力。除此之外，拖拽就能进行低代码甚至无代码分析的数据产品也可以归属为可视化的领域。常见的数据可视化工具，包括大名鼎鼎的 Tableau、微软的 PowerBI 及国产的 SmartBI、FineBI 和永洪 BI，都是易上手的可视化工具。

此处，笔者需要特别强调一个常见的误区，很多分析师小白非常喜欢用漂亮夺目的可视化工具展示自己的分析结果。这个时候，我们需要回归到数据可视化的底层是什么。如果把人当作一台计算机，眼睛则是最重要也是效率最高的输入设备。数据可视化的关键在于可以把有价值的结论以最直接、显性及更被理解的方式传递。如果我们只是传递漂亮的图表而忽略对图表所蕴含的结论的表达，则是陷入了可视化工具使用的误区。

那么，如果我们既做了全局规划，也从小处着手，还对业务复杂的场景进行了解构，是不是数字化转型就一定能成功呢？答案是否定的，因为很多企业往往忽略了数据人才的作用和组织的匹配升级。

由于数字化转型的不断深入，人才的画像由三位一体：业务专家、懂技术、会分析，逐渐产生了新的变化——提出了更高的要求。在原有能力的基础上，增加了**懂财务和懂战略**。数据转型人才需要具备四个底层和五种能力。四个底层分别是：好奇心、强逻辑结构、自我迭代和终身学习；五种能力分别是业务能力、技术能力、抽象提炼总结归纳能力、财务分析损益模型应用能力，以及可以看到遥远将来的前瞻能力。

好奇心和感知力强的人可以自驱地、源源不断地获取外界信息，获取信息之后通过总结归纳提炼出业务模型，自我迭代的意识可以驱动其不断推倒旧的低效体系，建立新的体系，从而作为数字化转型的发动机，从数据出发不断重组企业元素，直至优化甚至突破当下的业务模式。

对于人才的庞大需求真实存在，而高级人才严重供给不足。人才缺口不仅是机会，也给学科教育提出了更高的要求。

在过去时间，几乎每个月都会有企业来找笔者寻找合适的数据转型人才，并表达了他们对人才需求画像的迷茫和找不到合适人才的沮丧。由于人才缺口确实存在，对于亟需转型的企业，也可考虑先聘请顾问或者寻找合适的第三方数据服务公司，等待数据价值逐渐显现再搭建完备的团队。

找到合适的人，建立符合当下企业现状的数字化转型团队，或者聘请专业的第三方公司，都可以对提升数字化转型的成功概率有所帮助。

数字化时代已来。你，准备好了吗？

反侵权盗版声明

电子工业出版社依法对本作品享有专有出版权。任何未经权利人书面许可，复制、销售或通过信息网络传播本作品的行为；歪曲、篡改、剽窃本作品的行为，均违反《中华人民共和国著作权法》，其行为人应承担相应的民事责任和行政责任，构成犯罪的，将被依法追究刑事责任。

为了维护市场秩序，保护权利人的合法权益，我社将依法查处和打击侵权盗版的单位和个人。欢迎社会各界人士积极举报侵权盗版行为，本社将奖励举报有功人员，并保证举报人的信息不被泄露。

举报电话：(010)88254396；(010)88258888

传　　真：(010)88254397

E-mail : dbqq@phei.com.cn

通信地址：北京市万寿路173信箱

　　　　　电子工业出版社总编办公室

邮　　编：100036